普通高等教育“十三五”规划教材

服务外包产教融合系列教材

主编 迟云平 副主编 宁佳英

Objective-C 实验指导

主 编 刘志伟

副主编 罗 林 周 璇 杜 剑 李俊琴

华南理工大学出版社

SOUTH CHINA UNIVERSITY OF TECHNOLOGY PRESS

·广州·

图书在版编目(CIP)数据

Objective－C 实验指导/刘志伟主编．—广州：华南理工大学出版社，2017.3
(2018.4 重印)
(服务外包产教融合系列教材/迟云平主编)
ISBN 978－7－5623－5180－1

Ⅰ.①O…　Ⅱ.①刘…　Ⅲ.①C 语言－程序设计－高等学校－教学参考资料
Ⅳ.①TP312.8

中国版本图书馆 CIP 数据核字(2017)第 043868 号

Objective－C 实验指导
刘志伟　主编

出 版 人：卢家明
出版发行：华南理工大学出版社
(广州五山华南理工大学 17 号楼，邮编 510640)
http://www.scutpress.com.cn　E-mail:scutc13@scut.edu.cn
营销部电话：020－87113487　87111048（传真）
总 策 划：卢家明　潘宜玲
执行策划：詹志青
责任编辑：欧建岸
印 刷 者：佛山市浩文彩色印刷有限公司
开　　本：787mm×1092mm　1/16　印张：8.75　字数：210 千
版　　次：2017 年 6 月第 1 版　2018 年 4 月第 2 次印刷
印　　数：1001～2000 册
定　　价：25.00 元

“服务外包产教融合系列教材”
编审委员会

总　序

发展服务外包，有利于提升我国服务业的技术水平、服务水平，推动出口贸易和服务业的国际化，促进国内现代服务业的发展。在国家和各地方政府的大力支持下，我国服务外包产业经过10年快速发展，规模日益扩大，领域逐步拓宽，基于互联网、物联网、云计算、大数据等一系列新技术的新型商业模式应运而生，服务外包企业的国际竞争力不断提升，逐步进入国际产业链和价值链的高端。服务外包产业以极高的孵化、融合功能，助力我国航天服务、轨道交通、航运、医药、医疗、金融、智慧健康、云生态、智能制造、电商等众多领域的不断创新，通过重组价值链、优化资源配置降低了成本并增强了企业核心竞争力，更好地满足了国家"保增长、扩内需、调结构、促就业"的战略需要。

创新是服务外包发展的核心动力。我国传统产业转型升级，一定要通过新技术、新商业模式和新组织架构来实现，这为服务外包产业释放出更为广阔的发展空间。目前，"众包"方式已被普遍运用来重塑传统的发包/接包关系，战略合作与协作网络平台作用凸显，从而促使服务外包行业人员的从业方式也发生了显著变化，特别是中高端人才和专业人士更需要在人才共享平台上根据项目进行有效整合。从发展趋势看，服务外包企业未来的竞争将是资源整合能力的竞争，谁能最大限度地整合各类资源，谁就能在未来的竞争中脱颖而出。

广州大学华软软件学院是我国华南地区最早介入服务外包人才培养的高等院校，也是广东省和广州市首批认证的服务外包人才培养基地，还是我国服务外包人才培养示范机构。该院历年毕业生进入服务外包企业从业平均比例高达66.3%以上，并且获得业界高度认同。常务副院长迟云平获评2015

年度服务外包杰出贡献人物。该院组织了近百名具有丰富教学实践经验的一线教师，历时一年多，认真负责地编写了软件、网络、游戏、数码、管理、财务等专业的服务外包系列教材30余种，将对各行业发展具有引领作用的服务外包相关知识引入大学学历教育，着力培养学生对产业发展、技术创新、模式创新和产业融合发展的立体视角，同时具有一定的国际视野。

当前，我国正在大力推动"一带一路"建设和创新创业教育。广州大学华软软件学院抓住这一历史性机遇，与国家发展和改革委员会国际合作中心合作成立创新创业学院和服务外包研究院，共建国际合作示范院校。这充分反映了华软软件学院领导层对教育与产业结合的深刻把握，对人才培养与产业促进的高度理解，并愿意不遗余力地付出。我相信这样一套探讨服务外包产教融合的系列教材，一定会受到相关政策制定者和学术研究者的欢迎与重视。

借此，谨祝愿广州大学华软软件学院在国际化服务外包人才培养的路上越走越好！

国家发展和改革委员会国际合作中心主任

2017年1月25日于北京

前　言

1. 编写宗旨

美国当地时间2016年9月7日上午，苹果公司召开新产品发布会，发布了iPhone 7、iPhone 7 Plus等新产品，一同发布的还有“史上最好”的iOS 10系统。iOS系统以其流畅的运行速度和完美的用户体验被众多年轻人追捧。而移动互联网企业对iOS开发工程师的需求也越来越大。目前，大多数有iOS平台产品的公司，一般都需要iOS开发人员，比如新浪、腾讯、阿里巴巴、百度、360等公司。当然，软件外包公司也需要iOS开发人员。

开发iOS/macOS应用程序的主流编程语言是Objective－C和Swift。Objective－C是在C语言的基础上加入面向对象特性而成的编程语言，它是macOS和iOS系统的原生语言。Swift是苹果公司在2014年发布的全新开发语言。虽然Swift大大地降低了开发门槛，但使用Swift进行实际开发不仅要学习语言，还要熟悉各种API，熟悉整个Cocoa、Cocoa touch开发环境。现阶段大量的学习资料和参考代码都是基于或用Objective－C编写的。Swift虽然是新语言，却融合了Objective－C的很多特性。读Swift的文档会发现，Objective－C与Swift的联系十分密切。Objective－C使用的很多底层技术，被应用到Swift中。

综上所述，现阶段我们还是有必要认真学习并熟练使用Objective－C语言。目前国内介绍用Objective－C进行程序设计的书比较多，但还没有一本专门供高等院校使用的实验教材。鉴于此，我们编写了这本《Objective－C实验指导》。

本书适合作为高等学校“Objective－C程序设计”课程的辅助教材，供教师在教学中选用其中的一部分，也可作为软件外包专业、iOS职业培训教材。对于Objective－C的初学者，本书也是一本非常不错的自学教材。

2. 本书结构

本书共6章，由18个实验组成，分别通过实验的形式介绍了Objective-C语言的编程环境、如何创建和使用类、如何实现继承、多态和复合、基础框架的学习、内存管理、对象初始化和属性、类别与协议等。每章一个主题，由三大部分组成：

第一部分介绍了相关知识点。这是动手实验之前的理论准备过程。第一部分对实验及练习部分用到的知识点和技巧都作了较为系统的讲解。这一部分无论是在实验前还是实验后都可以供学生学习或复习相关的知识点。

第二部分实验。每章均由2～4个不等的实验组成。每个实验都可以根据实际情况单独作为一堂实验课内容，也可以与第一部分的知识点一起作为边讲边练的教师演示内容。

第三部分课后练习。根据实际情况，这部分内容可完全安排学生课后自主完成，也可以与课堂实验一起作为一次教学内容。

书中还提供了一系列上机构建的动手实验，每个实验都经过上机验证。书中配有大量的教学插图，可以使学生充分实践课堂中学到的知识。这些动手实验在编者所在学校已经经过多年的教学实践，教学效果良好。

本书结构严谨，采用循序渐进的方式为学生提供实践指导。书中所有代码均在Xcode 7中调试通过。

3. 学习场景

本书覆盖iOS程序开发的基础内容。课后练习着眼提高学生的开发动手能力。

iOS开发主要有自主开发和受托开发两种模式。

自主开发：开发的需求、设计、测试、提交等工作都由自己负责，产品的目标是Apple App Store。

受托开发(外包开发)：作为接包方的企业(个人)，其任务是根据客户需求去开发软件功能，并能够在软件正常运行后提供常规维护和功能扩展。这种开发方式可能是发包方的一种经营战略，是发包方在内部资源有限的情况下，为取得更大的竞争优势，仅保留最具竞争优势的功能，而其他功能则借助于资源整合，利用外部(接包方)最优秀的资源予以实现。服务外包使发包方内部最具竞争力的资源和外部(接包方)最优秀的资源结合，产生巨大的协同效应，最大限度地发挥发包方与接包方的资源效率，获得竞争优势，提高双方对环境变化的适应能力。

学生在做练习题的过程中要将练习题当作客户的要求，把自己当作接包方，把老师当作客户(发包方)，把相关教材当作设计规范，那么每次提交的作业就是产品交付。在练习过程中应结合所学的相关课程内容，提高个人业务能力，在掌握一种软件开发工具的同时还应熟悉软件开发模式。

本书在编写过程中得到了华南理工大学出版社的大力支持、鼓励和帮助，在此表示衷心的感谢。由于编者学识有限，书中难免有遗漏和疏忽之处，敬请专家和读者批评指正。

编　者
2017 年 2 月

目　录

1 Xcode 编程环境

Xcode 是苹果公司提供的用来创建 iOS 和 OS X 应用程序的开发环境。通过此工具可以轻松输入、编辑、调试并运行 Objective－C 程序。本实验以熟悉 Xcode 开发环境为目的而设计，包括项目创建、编辑、连接、运行等相关方面的内容。通过本次实验，我们可以学会使用 Xcode 开发工具编写简单的 Objective－C 程序。

【实验目标】

(1)熟练掌握 Xcode 编写控制台程序的过程。
(2)初步掌握程序的调试方法。
(3)了解帮助文档的使用方法。

【重点】

掌握 Objective－C 中的输入和输出函数。

【难点】

掌握布尔类型 BOOL 的使用方法。

【相关知识点】

1. 开发环境

OS X 和 iOS 程序都是用 Objective－C 语言编写的，开发需要在 OS X 环境下进行。集成开发环境为图形化开发工具 Xcode。

2. 常见的文件扩展名

表 1－1　常见的文件扩展名

扩展名	含义
. h	头文件
. c	C 语言源文件
. cpp、. cc	C ++ 语言源文件
. m	Objective－C 源文件
. mm	Objective－C ++ 源文件
. o	Objective(编译后的)文件

3. #import

在 Objective - C 中，“#import” 被当成“#include”指令的改良版本来使用。在递归包含中可保证头文件只被包含一次。

4. @autoreleasepool{}

自动释放池，用于内存管理。

5. NSLog

NSLog 是 Objective - C 库中的一个函数，其作用是向控制台输出文本内容，附带显示的内容包括：执行的时间、程序名、自动附加换行符(‘\n’)等。使用方法与 C 语言的 printf 函数类似，但格式化标志有所不同。例如，“%@”表示对象，“%i”表示整数。

6. scanf

在 Objective - C 中，使用 scanf 函数在控制台上输入信息，其语法与 C 语言的 scanf 函数相同，函数的表达式与 NSLog 一样。

7. 指令符“@”

“@”符号是编译器使用的指令符，代表了 Objective - C 对 C 的扩展。例如，@“char”表示字符串常量，“@ interface”表示开始一个类接口部分等。

8. nil

nil 和 C 语言中的 NULL 相同。nil 表示一个 Objective - C 对象，且这个对象的指针指向空。

9. BOOL 类型

Objective - C 中的布尔类型 BOOL，具有 YES 和 NO 两个值。BOOL 实际上是一种对带符号的字符类型的类型定义，它使用 8 位的存储空间。通过“#define”指令把 YES 定义为 1，NO 定义为 0。编译器会将 BOOL 认作 8 位二进制数。如果不小心将一个大于 1 字节的整型值(比如 short 或 int)赋给一个 BOOL 变量，那么只有低位字节会用作 BOOL 值。如果该低位字节刚好为 0(比方说 8960，写成十六进制为 OX2300)，BOOL 值将会被认作 0，即 NO 值。

表 1-2　布尔类型

	C	Objective - C
定义类型	bool	BOOL
取值	true、false	YES、NO
真实类型	bit	signed char
注意		将 int 变量赋值给 BOOL 变量时，只保留其低 8 位字节

10. Xcode 帮助文档

Xcode 自带了帮助文档，在开发者遇到编程问题时，可以在帮助文档中查找系统提供的 API。文档内容经常会进行更新，所以我们需要及时更新帮助文档，或者也可以在线查找文档内容。

11. Xcode 修复功能

输入代码时，如果 Xcode 发现问题，会在代码中标记并提供修正错误的正确代码。

实验1.1　创建控制台应用程序

【实验目的与要求】

（1）熟悉 Xcode 的使用方法。

（2）初步认识项目中的基本文件。

（3）熟练掌握 Xcode 编写控制台应用程序的过程。

【实验内容与步骤】

（1）启动 Xcode 应用程序。在欢迎页面选择“Create a new Xcode project”或者通过菜单“File”→“New”→“Project”创建新的项目，如图 1－1 所示。

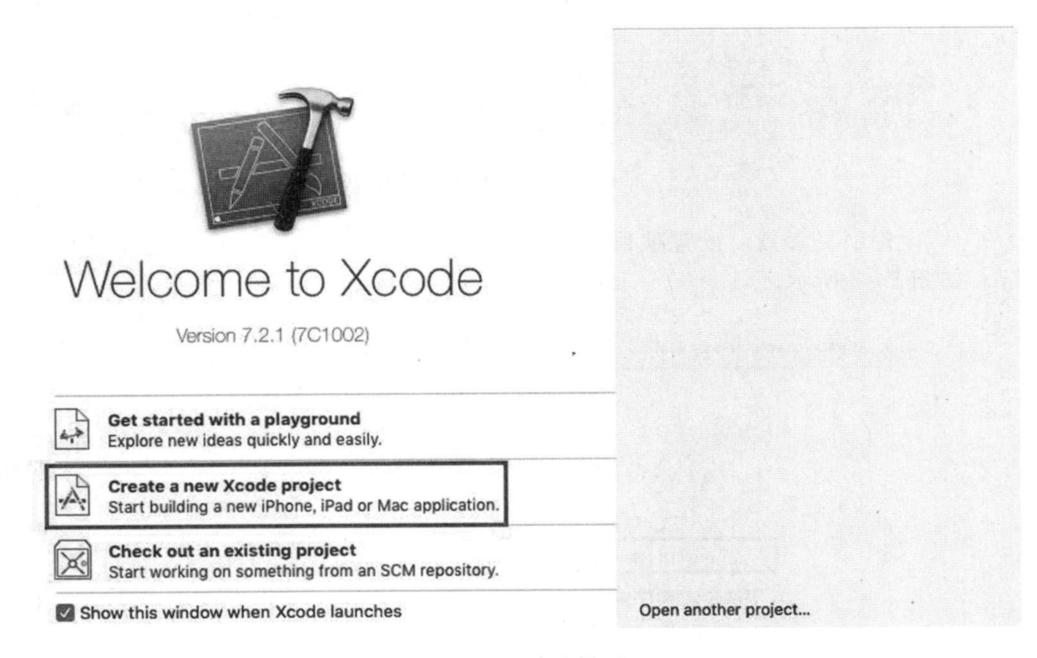

图 1－1　Xcode 欢迎界面

（2）选择项目模板。在弹出的窗口左边选择 OS X 下的 Application（应用），右边选择“Command Line Tool”（命令行工具），然后单击“Next”，如图 1－2 所示。

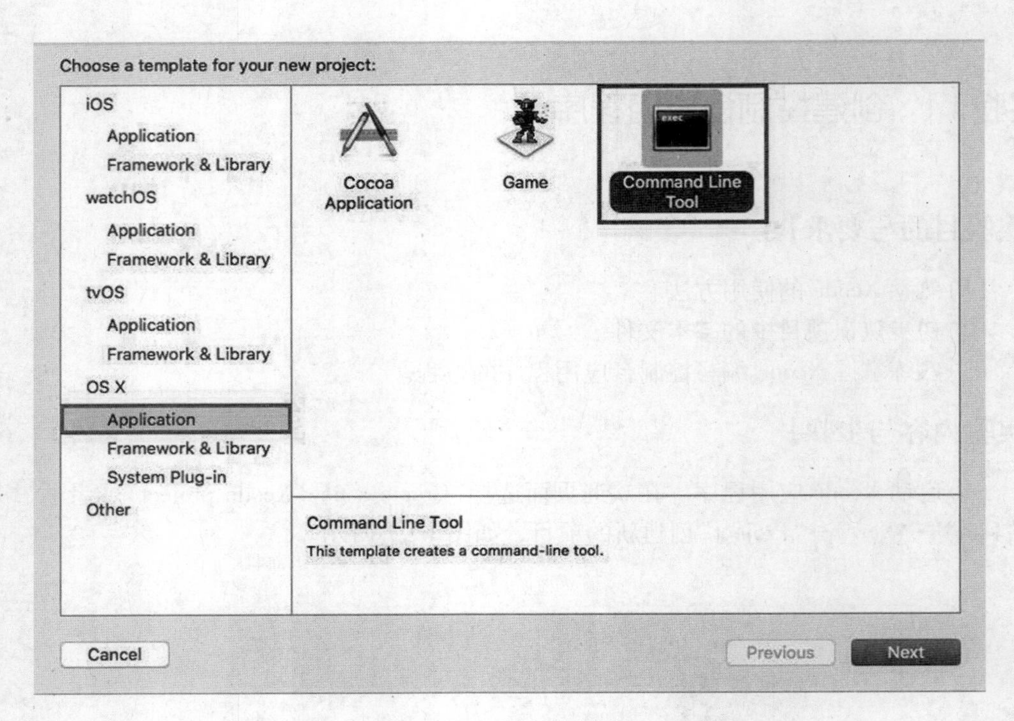

图1-2　选择项目模板

(3)设置项目参数。设置项目的名字并选择所使用的语言，在此选择“Objective-C”，如图1-3所示。

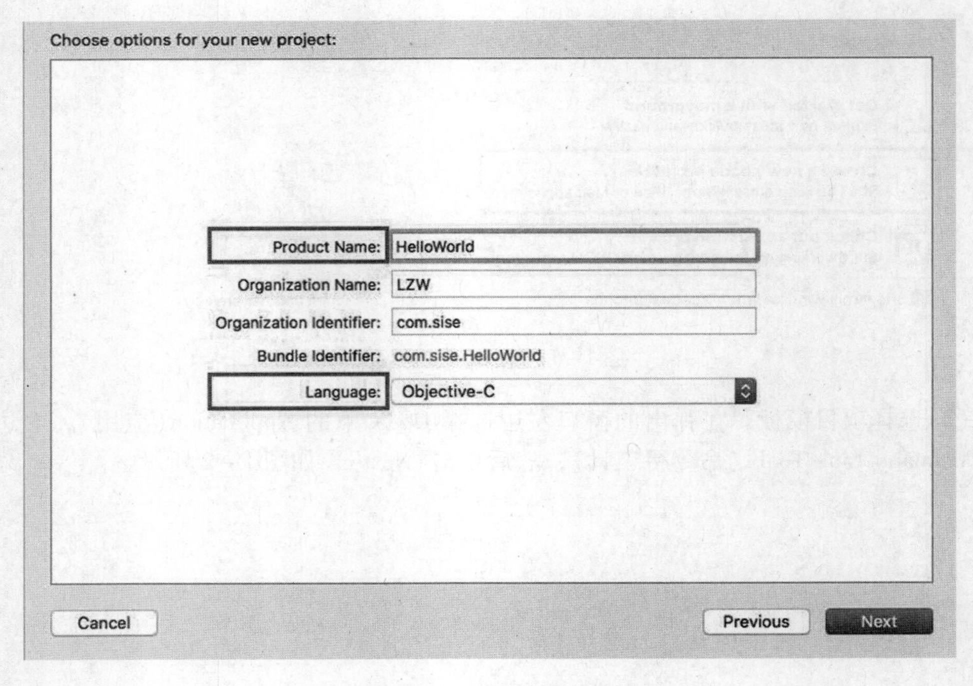

图1-3　设置项目参数

注意：Product Name、Organization Name 和 Organization Identifier 可以由开发者自行决定，但 Language 必须选择 Objective - C。

单击 Next 后选择项目存储的位置，之后点击"Create"完成项目创建，如图 1 -4 所示。

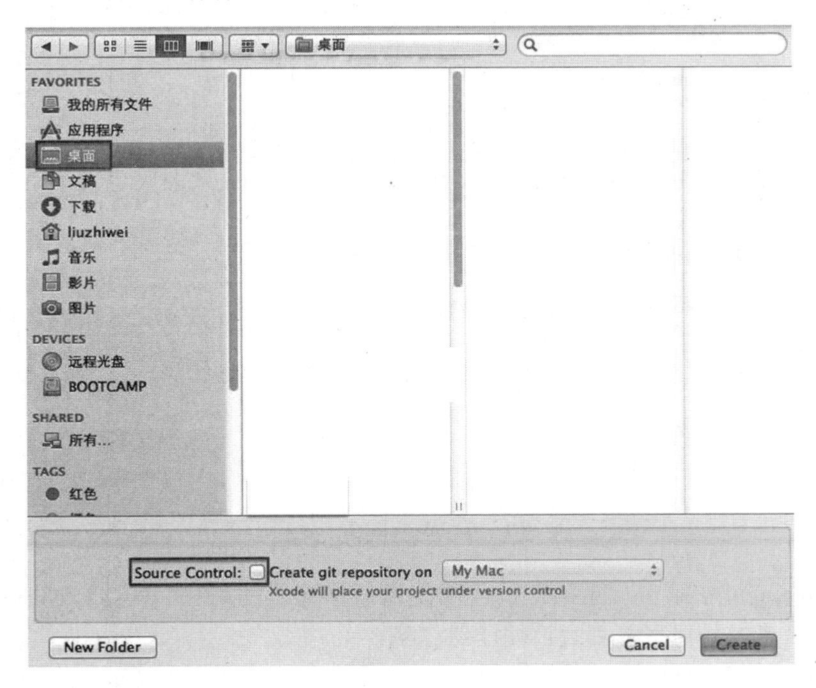

图 1 -4　选择项目存储位置

(4)熟悉 Xcode 的项目界面。如图 1 -5 所示。

注意：可以利用工具栏中的视图按钮"　　　"，根据需要隐藏导航区域、调试区域或实用工具区域。在默认情况下，调试区域是隐藏的。

图 1 -5　HelloWorld 项目窗口

(5)编写程序。单击左边的项目文件导航区中的源代码标签(.m 文件)切换到代码编辑区，阅读理解所生成的代码，如图 1-6 所示。

```
main.m
HelloWorld 〉 HelloWorld 〉 main.m 〉 No Selection
1  //
2  //  main.m
3  //  HelloWorld
4  //
5  //  Created by 刘志伟 on 16/8/1.
6  //  Copyright © 2016年 LZW. All rights reserved.
7  //
8
9  #import <Foundation/Foundation.h>
10
11 int main(int argc, const char * argv[]) {
12     @autoreleasepool {
13         // insert code here...
14         NSLog(@"Hello, World!");
15     }
16     return 0;
17 }
18
```

图 1-6　main.m 源代码

➢ 注释。main.m 中第 1 行至第 7 行代码是以两个连续的斜杠“//”插入的注释。双斜杠直到这行结尾的任何字符都会被编译器忽略。

➢ “#import”语句。Objective-C 使用“#import”将制定文件的信息导入或包含到程序中，就像在这里输入该文件的内容一样。使用“#import”可保证头文件只被包含一次，无论此命令在该文件中出现了多少次。

➢ “#import <Foundation/Foundation.h>”语句告诉编译器查找 Foundation 框架中的 Foundation.h 头文件。这是一个系统文件。导入基础框架以后，我们才可以使用 Cocoa 特性来编写程序。

➢ main()的声明语句和结尾的“return 0”语句。Objective-C 中的声明 main()和返回值语法与 C 语言中的是一样的。

➢ “@autoreleasepool{}”。在“{”和“}”之间的程序语句会在被称为“自动释放池”(autoreleasepool)的语境中执行。所谓自动释放池，是一种内存管理机制，它使得应用程序在创建新对象时，系统能够有效地管理应用程序所使用的内存而无须程序员编写代码参与内存的管理过程。

➢ NSLog()。第 14 行代码“NSLog(@"Hello, World!");”可向控制台输出“Hello, World!”。NSLog()是 Objective-C 库中的一个函数，它可以在控制台上指定格式打印日志。函数原型为

```
void NSLog(NSString * format, ...);
```

其中，第一个参数是一个包含“格式”的字符串，该字符串可以包含格式说明符(比如“%@”表示 NSObject 对象)，接下来的参数是一个与格式说明符相匹配的参数列表。

NSLog( )函数的作用与C语言的printf( )相似，但它添加了一些新的特性，比如时间戳、日期戳和自动附加换行符等。

(6) 运行程序。单击工具栏中的“Run”按钮(快捷键[COMMAND + R]或菜单“Product”→“Run”)，对编写的代码进行编译、连接和运行。如果代码没有语法错误，编译后会出现“Build Succeeded”字样，如图1-7所示。如果代码有语法错误，编译后就会出现“Build Failed”字样，并提示错误信息，如图1-8所示。点击编辑窗口左侧边栏中的错误或警告符号，可以看到指出的潜在问题和修改意见。

```
Running HelloWorld : HelloWorld
HelloWorld 〉 HelloWorld 〉 main.m 〉 No Selection

 1 //
 2 //  main.m
 3 //  HelloWorld
 4 //
 5 //  Created by 刘志伟 on 16/8/1.
 6 //  Copyright © 2016年 LZW. All rights reserved.
 7 //
 8
 9 #import <Foundation/Foundation.h>
10
11 int main(int argc, const char * argv[]) {
12     @autoreleasepool {
13         // insert code here...
14         NSLog(@"Hello, World!");
15     }
16     return 0;
17 }
18

Build Succeeded
```

图1-7　编译正确

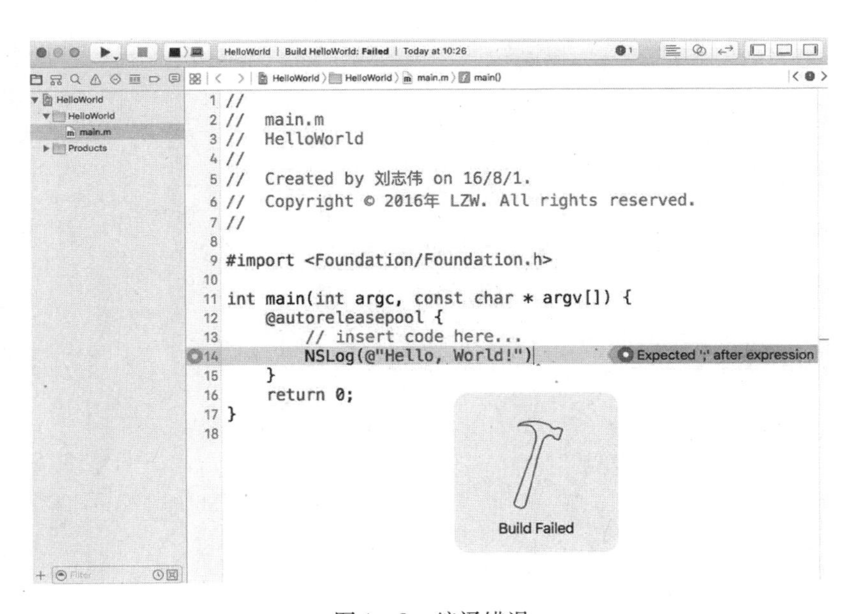

图1-8　编译错误

编译完成后，程序会自动进行连接、运行，并会在底部调试区域显示运行结果(可以通过快捷键[COMMAND + SHIFT + Y]或菜单“View”→“Debug Area”→“Show | Hide Debug Area”来显示和隐藏调试区域)，如图1-9所示。

```
2016-08-02 10:28:56.604 HelloWorld[785:49783] Hello, World!
Program ended with exit code: 0
```

运行结果

All Output

图1-9　运行结果

实验1.2 熟练使用Xcode开发Objective-C程序

【实验目的与要求】

(1)进一步熟悉使用Xcode创建控制台程序的一般步骤。

(2)掌握Objective-C中的输入和输出函数。

(3)掌握布尔类型的使用方法。

(4)初步掌握程序的调试方法。

(5)了解帮助文档的使用方法。

【实验内容与步骤】

(1)创建一个新的控制台程序，计算并在控制台上显示从键盘输入的任意两个整数的和。程序运行效果如图1-10所示。

```
2016-08-02 21:25:22.908 1-2[770:56648] 输入x和y的值:
3 5
2016-08-02 21:25:26.142 1-2[770:56648] 3+5=8
```

图1-10 参考运行效果

(2)创建一个新的项目，用指针输出字符数组的内容，注意空指针的表示方法，程序运行效果如图1-11所示。

```
2016-08-02 21:31:29.164 1-2[790:59470] a
2016-08-02 21:31:29.165 1-2[790:59470] b
2016-08-02 21:31:29.165 1-2[790:59470] B
2016-08-02 21:31:29.165 1-2[790:59470] E
2016-08-02 21:31:29.166 1-2[790:59470] I
```

图1-11 参考运行效果

(3)创建一个新的项目，输入并运行下面的代码，理解程序的功能。学习使用BOOL类型和NSString类型。

```
# import <Foundation/Foundation.h>

// returns No if the two integers have the same
// value, Yes otherwise
BOOL areIntsDifferent (int thing1, int thing2)
{
    if (thing1 = = thing2)
        {return (No);
```

```
    } else {
        return (Yes);
    }
}
// areIntsDifferent

// given a Yes value, return the human - readable
// string "Yes". Otherwise return "No"
NSString * boolString (BOOL yesNo)
{
    if (yesNo = = No) {
        return (@ "No");
    } else {
        return (@ "Yes");
    }
}
// boolString

int main(int argc, const char *  argv[])
{
    @ autoreleasepool {
        BOOL areTheyDifferent;
        areTheyDifferent = areIntsDifferent (5, 5);
        NSLog (@ "are % d and % d different? % @ ",
              5, 5, boolString(areTheyDifferent));
        areTheyDifferent = areIntsDifferent (23, 42);
        NSLog (@ "are % d and % d different? % @ ",
              23, 42, boolString(areTheyDifferent));
    }
    return 0;
}
```

(4)分析下面代码运行结果是否正确。若不正确应如何修改，并上机验证。根据验证结果判断下面两个描述是否正确。

➢ 将一个非零的整数赋值给一个 BOOL 类型时，其结果为 Yes。

➢ 判断 BOOL 类型返回值，最好将其和 No 进行比较。

```
#import <Foundation/Foundation.h>
BOOL areIntDifferent_faulty(int x, int y)
{
    return x - y;
}
int main(int argc, const char * argv[])
{
    @ autoreleasepool {
        BOOL flag;
        flag = 8960;
        if (flag = = Yes) {
            NSLog(@ "8960 的逻辑值为真值");
        }
        else {
            NSLog(@ "8960 的逻辑值为假值");
        }
        if (areIntDifferent_faulty(23, 5) = = Yes) {
            NSLog(@ "23 - 5 的逻辑值为真值");
        }
        else {
            NSLog(@ "23 - 5 的逻辑值为假值");
        }
    }
    return 0;
}
```

(5)练习使用帮助文档。

➢ 帮助文档的更新。在 Xcode 菜单中选择“Xcode”→“Preferences”，在弹出的“Preferences”对话框中选择“DownLoads”选项，如图 1 - 12 所示。根据需要选择下载 Documentation 列表中所支持的文档。

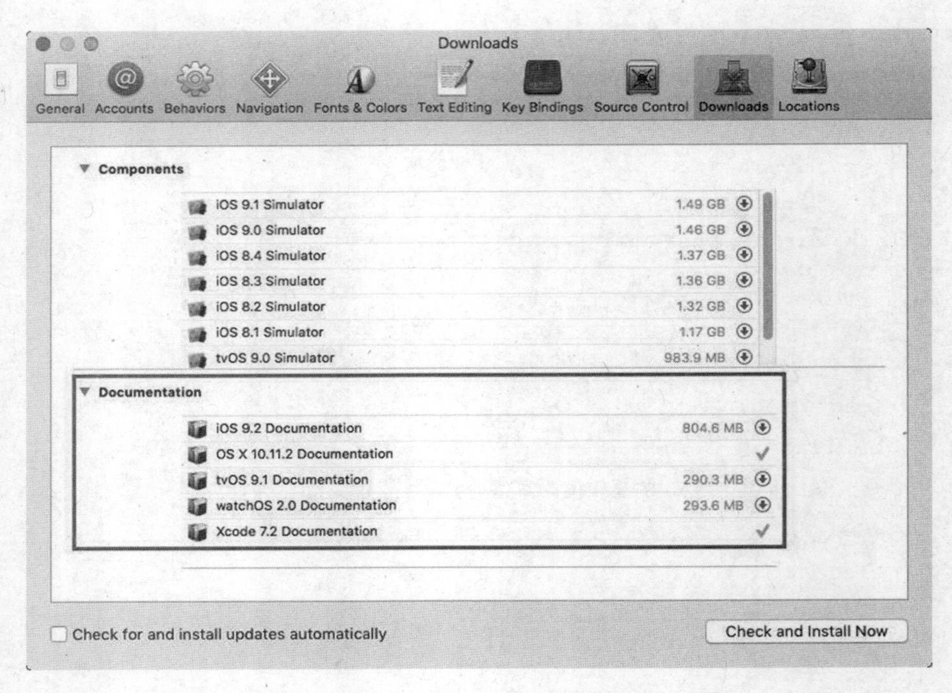

图 1－12　更新帮助文档

➢　帮助文档的使用。在 Xcode 菜单中选择“Help”→“Documentation and API Reference”，在弹出的对话框搜索栏输入需要查找的内容，单击其中一个搜索结果，就会在主窗口中出现相关的解释及语法，如图 1－13 和图 1－14 所示。

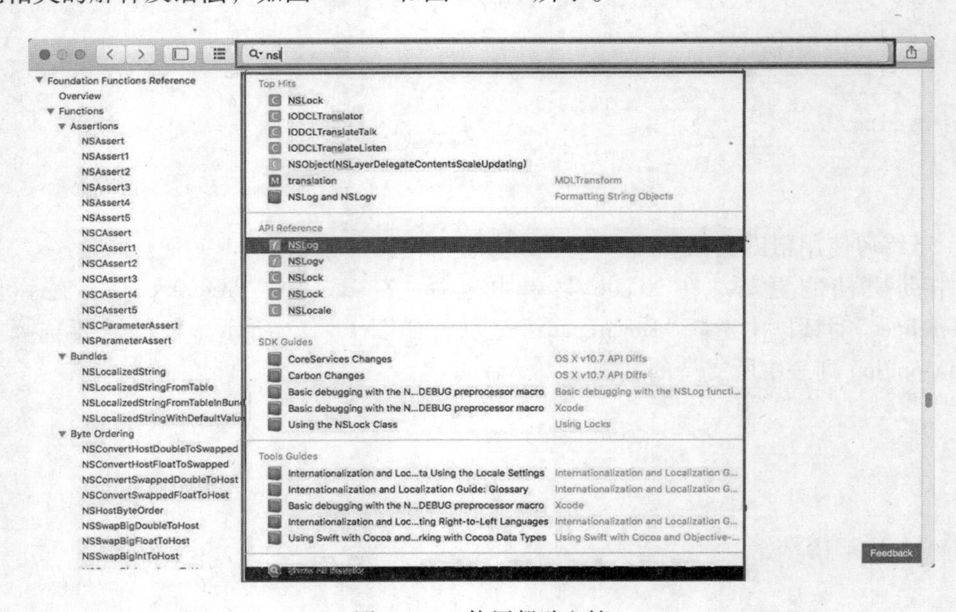

图 1－13　使用帮助文档

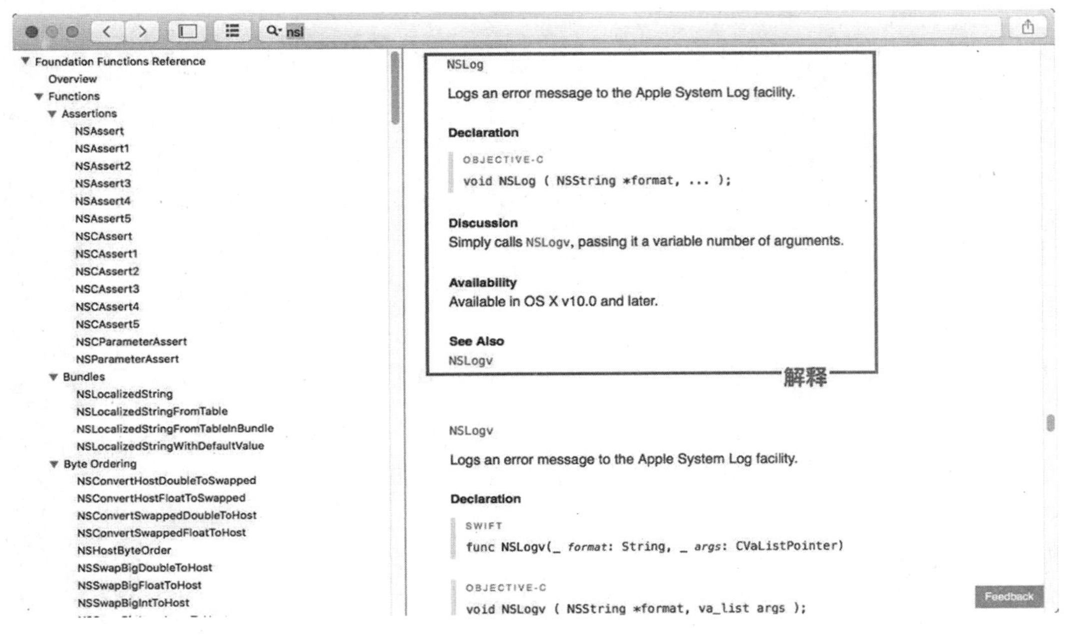

图 1－14　帮助文档查找结果

练　习

1. 分析下面程序输出什么内容？请上机验证。

```
#import <Foundation/Foundation.h>
int main(int argc, const char * argv[]) {
    @autoreleasepool {
        int i = 10;
        NSString * str = @"Testing...";
        NSLog(@"%@",str);
        NSLog(@"...%i", i);
        NSLog(@"...%i", i+1);
        NSLog(@"...%i", i+2);
    }
    return 0;
}
```

2. 找出下面程序中的语法错误，并在错误代码行后添加一行注释说明错误原因或改正方法，然后上机验证。

```
#import "Foundation/Foundation.h"
int main(int argc, const char * argv[]) {
    @ autoreleasepool {
        ins sum;
            sum = 1 + 2 + 3
            NSLog ("The answer is % i" sum);
        }
        return 0;
    }
```

3. 利用 BOOL 类型编写程序输出 2～50 之间的所有素数。

2 类和对象

Objective－C 是面向对象的程序设计语言，它是 C 语言的一个超集。本实验我们将重点掌握类的使用方法，包括类的声明、定义和实例化对象等。

【实验目标】

(1)熟悉类、对象、方法和消息等概念。
(2)熟悉类的组成。

【重点】

熟练使用 Objective－C 创建类。

【难点】

(1)熟练掌握消息的概念。
(2)熟练掌握对象的创建与使用方法。
(3)掌握实例变量的访问方法。

【相关知识点】

在 Objective－C 中，类由接口和实现两部分组成。基于更好地遵循面向对象程序设计原则，接口和实现通常放在两个不同的文件里，接口文件(扩展名为 .h)和实现文件(扩展名为 .m)。接口文件主要完成类的具体声明，实现文件主要完成类的具体实现。

1. 接口部分(@interface)

接口文件包含一个用于构成类公共接口的声明方法列表，还有实例变量、常量、全局字符串以及其他数据类型的声明。通用格式：

```
@interface 类名 : 父类名{
    实例变量的声明
}
属性的声明
方法的声明
@end
```

- 实例变量在一对[ ]内。
- 通常，实例变量名以下画线“_”开头。
- 实例变量的默认访问权限是保护的“@ protected”，只允许类内部及子类访问；而方法的默认访问权限是公有的“@ public”，不受访问限制。

➤ 方法的声明格式与 C 语言不同。详见本节第 4 点。

2. 实现部分

类的实现和声明结构非常相似，它以“@ implementation”指令开头并以“@ end”指令结尾。但实现文件必须引用它的接口文件。通用格式：

```
#import "类名.h"
@ implementation 类名
方法定义
@ end
```

3. 实例变量

实例变量(在其他面向对象语言中也被称为成员变量)用于保持对象的状态或当前条件。实例变量的值会被每个实例单独保存。

在 Objective－C 中，通过访问限定符对实例变量的作用域进行控制，一般默认情况下由“@ protected”限定，如表 2－1 所示。

表 2－1　访问限定符

访问限定符	作用域
@ private	实例变量只能被声明它的类访问
@ protected	实例变量能被声明它的类和子类访问
@ public	实例变量可以在任何地方被访问

4. 方法

类可以执行的功能被称为方法。方法是一些函数，用以实现类的某些行为。方法声明的通用格式如图 2－1 所示。

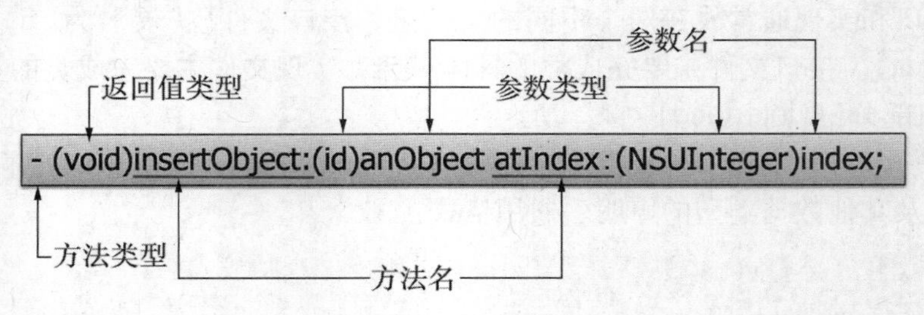

图 2－1　方法通用格式

➤ 方法前的“－”表明当前方法是实例方法，而若方法前是“＋”则表明这是类方法。实例方法是类的实例(即对象)可以使用的方法，而类方法只有类可以使用。

➤ 无论是方法的返回值类型还是参数类型都要在圆括号中指定。

➤ 方法名是可以“打断”的，且方法名后紧跟参数类型和参数名。也就是说，参数名称可以拆开放在方法的整个声明之中，这样的好处是更容易理解参数的意义。图 2－1 中的方法名是“insertObject:”“atIndex:”。这里注意，因为有参数，所以冒号也是方法名的一部分。

5. 消息

在 Objective－C 语言中，调用一个方法相当于传递一个消息。所谓的消息就是一个类或者对象可以执行的动作。所有消息的分派都是动态的，这体现了 Objective－C 的多态性。

消息调用的方式是使用方括号“[ ]”。

```
通用格式:[消息的接收者  消息];
```

➢ 消息指的是方法名：参数序列。

➢ 消息的接收者可以是对象也可以是类，若接收者是类，则消息必须是类方法；若接收者是对象，则消息必须是实例方法。

消息是可以嵌套的。例如：

```
[myArray insertObject:anObject anIndex:3];
[[NSArray alloc]initWithObjects:@ "China", @ "America", nil];
```

6. 实例化对象

类创建对象的过程被称为实例化，也就是声明并创建对象。

实例化对象的形式：

```
类名 * 对象名 = [[类名 alloc] init];
```

其中，alloc 和 init 都是内置方法，alloc 用来为对象分配内存空间，而 init 用来为已拥有内存空间的对象进行初始化。

可以用 new 方法替代 alloc 和 init 的嵌套调用。即

```
类名 * 对象名 = [类名 new];
```

7. id

➢ id 是一种弱类型，相当于“void ＊”，用于表示指向任何对象的指针。

➢ 用 id 类型声明对象时，其后不用加“＊”。

➢ 不安全但灵活。

8. 存取方法

➢ 所谓存取方法，就是用来读取或改变某个对象属性的方法。

➢ 存取方法分为两种：setter 方法和 getter 方法。setter 为对象中的变量赋值；getter 通过对象本身访问对象属性。

➢ 命名规则：一般 setter 方法前都用“set”作为前缀；getter 方法前不能有“get”前缀。setter 方法的命名规则是“set” ＋“属性名”；而 getter 方法命名的规则就是“属性名”。

➢ setter 方法和 getter 方法一般成对出现，当然也可以不成对出现，如对于只读特性只有 getter 方法，对于密码特性只有 setter 方法。

➢ 注意：不要将“get”前缀加到 getter 方法名前面。因为在 Cocoa 中，“get”前缀有其他的用途。一般意味着这个方法会将你传递的参数作为指针返回值。

实验2.1　用面向对象思想编写程序实现几何图形的绘制

【实验目的与要求】

(1)学习基础的面向对象概念，例如类、对象、方法和消息。

(2)熟悉类的组成，熟练使用 Objective－C 创建类。

【实验内容与步骤】

编写程序实现三种几何图形(Circle、Rectangle 和 OblateSpheroid)的绘制。绘制结果以在控制台输出与该形状相关的文本信息(图形的形状、颜色以及在屏幕中所在的区域)替代在屏幕上绘制真实图形。

(1)创建一个控制台应用程序。

(2)在该项目中添加新一组类文件 Shape。

①选中导航器中的源代码文件夹，然后单击鼠标右键，选择“New File...”，如图2－2所示。

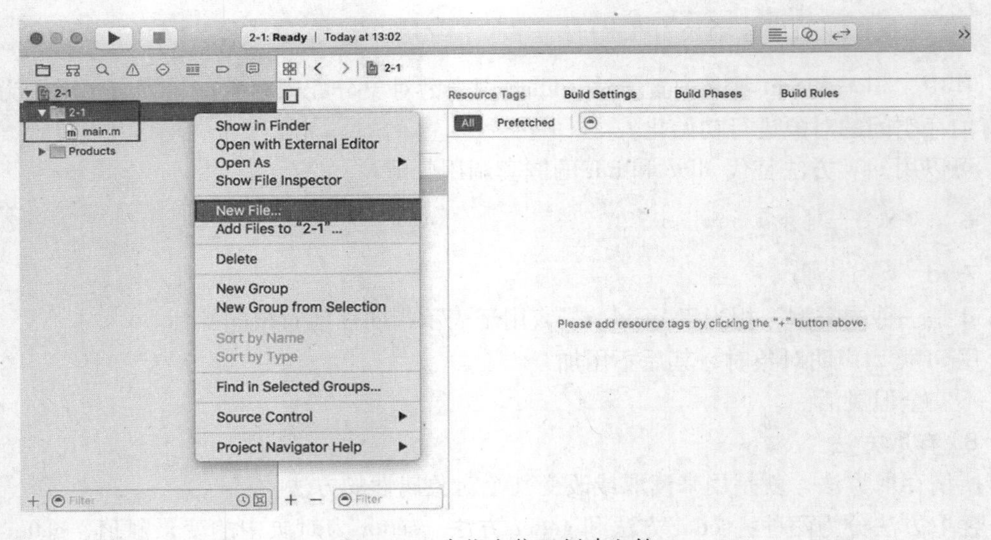

图2－2　在指定位置创建文件

②在弹出窗口的左侧“OS X”下选择“Source”，在右侧窗口选择“Cocoa Class”，然后单击“Next”，如图2－3所示。

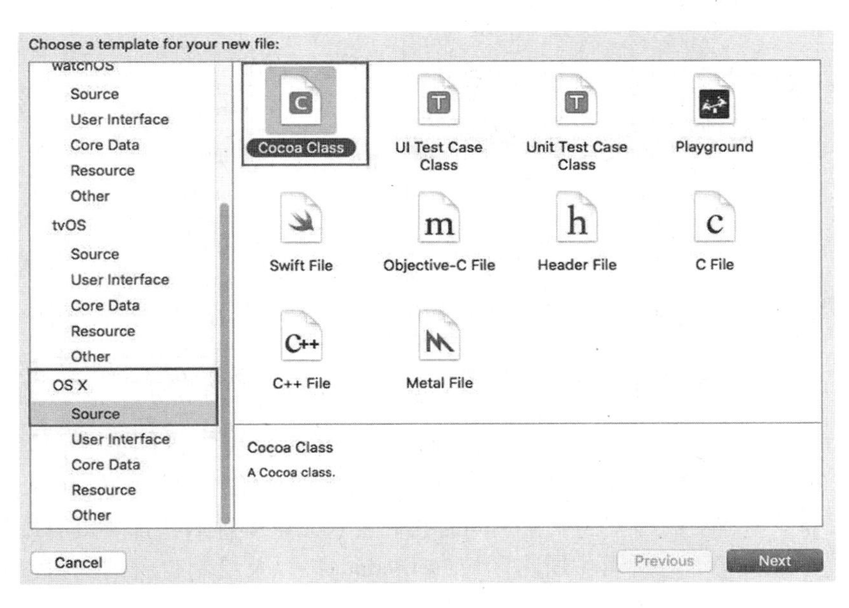

图 2 – 3　选定新建文件类型

③设置类的基础信息。在弹出的对话框“Class”栏内输入类名，如“Shape”，并选择父类名称(默认为 NSObject)，如图 2 – 4 所示。在接下来的窗口中点击“Create”即可完成创建过程。

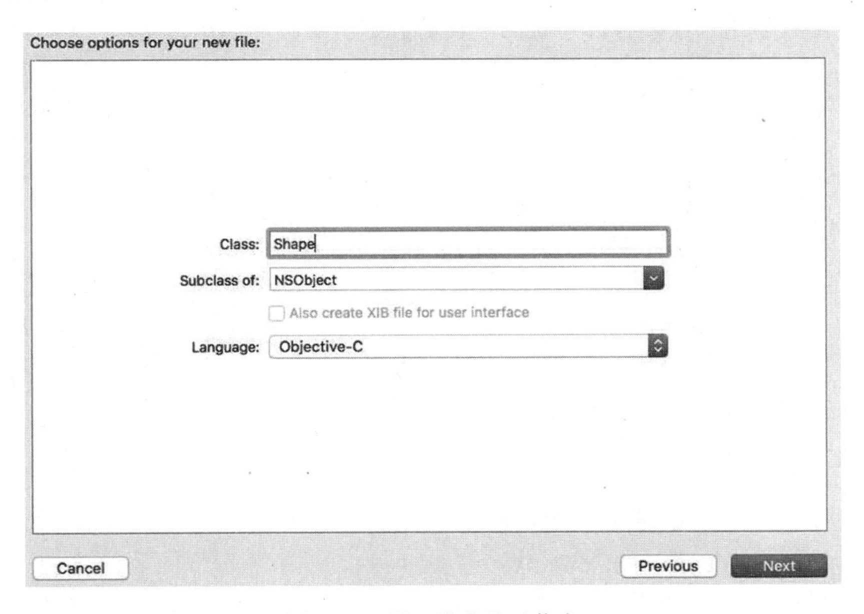

图 2 – 4　设置类的基础信息

完成后在项目导航器中可以看到刚刚新建的接口文件 Shape. h 和实现文件 Shape. m，如图 2 – 5 所示。

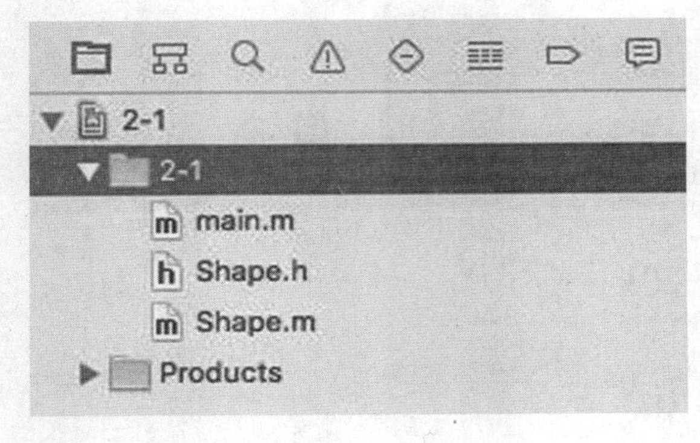

图 2-5　Shape 类

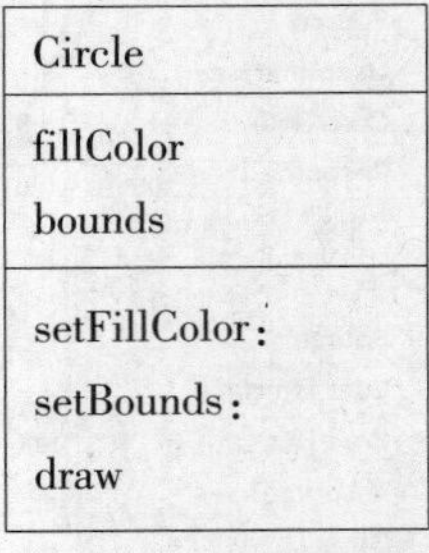

图 2-6　Circle 类

(3)完成 Shape 的接口设计。这里我们需要设计两种表示不同形状的类 Circle 和 Rectangle，而每一种形状都会有图形颜色(fillColor)和图形在屏幕中所占的区域(bounds)两种数据成员，即实例变量。同时我们要求无论哪种形状都要具有配置其自身填充色(setFillColor:)、在屏幕中所占区域(setBounds:)以及绘制自身的能力(draw)，即要设计实现相应功能的方法。以 Circle 类的设计为例，如图 2-6 所示。

在 Shape.h 中输入以下代码。代码中首先通过枚举类型 ShapeColor 指定了可以绘制出来的几种颜色，然后通过一个结构体来描述一个矩形 ShapeRect，该矩形指定屏幕上的绘图区域(区域的位置和大小)。接下来是两个函数声明，其中函数 colorName 负责将传入的枚举型颜色值转化为字符串 NSString 类型，比如@"red"或@"green"，而 drawShapes 函数是用来绘制各种形状的。最后分别声明圆形和矩形类。

```
#import <Foundation/Foundation.h>

typedef enum{
    kRedColor,
    kGreenColor,
    kBlueColor
}ShapeColor;

typedef struct{
    int x,y;
    int width,height;
}ShapeRect;

NSString * colorName (ShapeColor colorName);
void drawShapes(id shapes[],int count);

@ interface Circle : NSObject {
    ShapeColor _fillColor;
```

```
    ShapeRect _bounds;
}
- (void)setFillColor:(ShapeColor)fillColor;
- (void)setBounds:(ShapeRect)bounds;
- (void)draw;
@ end //Circle

@ interface Rectangle : NSObject {
    ShapeColor _fillColor;
    ShapeRect _bounds;
}
- (void)setFillColor:(ShapeColor)fillColor;
- (void)setBounds:(ShapeRect)bounds;
- (void)draw;
@ end //Rectangle
```

注意：若编译器提示"Must explicitly describe intended ownership of an object array parameter"，请参考图2-7所示步骤，在搜索框中搜索"Automatic Reference Counting"，然后将"Objective-C Automatic Reference Counting"的值设置为No。

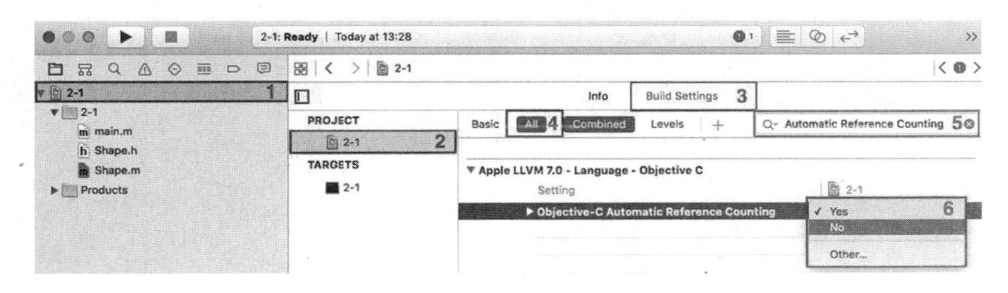

图2-7 取消自动引用计数

(4)完成Shape的实现。在Shape.m中输入以下代码。代码中首先实现函数colorName和函数drawShapes，然后分别实现圆形和矩形类。

```
#import "Shape.h"

NSString * colorName (ShapeColor colorName)
{
    switch (colorName) {
        case kRedColor:
            return @ "red";
            break;
        case kGreenColor:
```

```
            return @ "green";
            break;
        case kBlueColor:
            return @ "blue";
            break;
    }
    return @ "no clue";
}//colorName

void drawShapes(id shapes[],int count)
{
    int i;
    for(i=0; i<count; i++){
        id shape=shapes[i];
        [shape draw];
    }
}//drawShapes

@ implementation Circle
- (void)setFillColor:(ShapeColor)mycolor
{
    _fillColor=mycolor;
}//setFillColor
- (void)setBounds:(ShapeRect)mybounds
{
    _bounds=mybounds;
}//setBounds
- (void)draw
{
    NSLog(@ "drawing a circle at (%d %d %d %d) in %@ ",
          _bounds.x, _bounds.y, _bounds.width, _bounds.height,
          colorName(_fillColor));
}//draw
@ end //Circle

@ implementation Rectangle
- (void)setFillColor:(ShapeColor)mycolor
```

```
{
    _fillColor = mycolor;
}// setFillColor
- (void)setBounds: (ShapeRect)mybounds
{
    _bounds = mybounds;
}// setBounds
- (void)draw
{
    NSLog(@ "drawing a rectangle at (%d %d %d %d) in %@ ",
          _bounds.x, _bounds.y, _bounds.width, _bounds.height,
          colorName(_fillColor));
}// draw
@ end // Rectangle
```

(5)参考上面 Circle 和 Rectangle 类的设计方法，在 Shape 中添加椭圆形类。

(6)在 main 函数中输入下面的代码进行测试。运行效果如图 2-8 所示。

```
#import <Foundation/Foundation.h>
#import "Shape.h"

int main(int argc, const char * argv[])
{
    @ autoreleasepool {
        id shapes[3];
        ShapeRect rect0 = {0,0,10,30};
        shapes[0] =[Circle new];
        [shapes[0] setBounds:rect0];
        [shapes[0] setFillColor:kRedColor];

        ShapeRect rect1 = {30,40,50,60};
        shapes[1] =[Rectangle new];
        [shapes[1] setBounds:rect1];
        [shapes[1] setFillColor:kGreenColor];

        ShapeRect rect2 = {15,19,37,29};
        shapes[2] =[OblateSpheroid new];
        [shapes[2] setBounds:rect2];
```

```
        [shapes[2] setFillColor:kBlueColor];

        drawShapes(shapes, 3);
    }
    return 0;
}
```

```
drawing a circle at (0 0 10 30) in red
drawing a rectangle at (30 40 50 60) in green
drawing a oblateSpheroid at (15 19 37 29) in blue
```

图 2-8　绘图程序运行效果

本实验绘图程序若每种图形单独设计一组类文件，程序应如何修改？

实验 2.2 Objective – C 中类的创建与使用

【实验目的与要求】

(1)巩固类的创建方法。

(2)熟练掌握对象的创建与使用方法。

(3)掌握实例变量的访问方法。

【实验内容与步骤】

创建一个新的项目，并在其中添加三组类文件，类名及功能如下所述，完成后在 main 函数中测试这三个类。

(1)建立 Fraction 分数类。定义一些方法来设置和得到分数的分子和分母，并设置 print 方法以显示分数的值。其中，类的接口部分可参考下面的代码进行设计。

```
// Fraction.h
#import <Foundation/Foundation.h>
@ interface Fraction : NSObject {
    int _numerator;
    int _denominator;
}
- (void)setNumerator:(int)numerator;
- (void)setDenominator:(int)denominator;
- (void)setNumerator:(int)numerator denominator:(int)denominator;
- (int)numerator;
- (int)denominator;
- (void)print;
@ end
```

(2)思考如何为 Fraction 类增加一个方法，该方法可以同时设置分数的分子和分母。

(3)定义一个 XYPoint 类用以保存(x，y)坐标，其中 x 和 y 都是整型变量，定义一些方法来设置和得到 x、y 的值。定义 print 方法输出 x、y 坐标信息。

(4)根据图 2 – 9 所示，设计员工类 Emploee。每个员工都有工号(number)和工龄(workAge)，类中要有工号和工龄相应的存取方法，同时 Emploee 能够计算员工的工龄补贴(计算公式：工龄补贴 = 200 × 工龄)。为测试方便，类中需设计一个 printMsg 方法，以输出员工基本信息(工号、工龄)。

Emploee
number workAge
setNumber: setworkAge: caculateSalary printMsg

图 2－9　类 Emploee

部分测试代码如下，测试效果如图 2－10 所示。

```
Employee * man = [Employee new];
[man setNumber:1401];
[man setworkAge:5];
[man printMsg];
NSLog(@ "salary:% .1f", [man caculateSalary]);
```

```
number:1401   workAge:5
salary:1000.0
```

图 2－10　Emploee 类测试效果

练　习

1. 扩展实验 2. 1 程序的功能，使其支持三角形的绘制。

(1)模仿 Circle 类的设计方法，分别在 Shape. h 文件和 Shape. m 文件中添加三角形 Triangle 类的接口和实现代码。

(2)在 main 函数中添加一个 Triangle 对象，并绘制该对象的图形。

(3)在绘制图形程序中，可以发现程序代码有很多重复的地方，比如定义和实现 Circle、Rectangle 的代码基本都是重复的。我们将在下次实验中进行优化。

2. 扩展实验 2. 2 中的分数类，实现分数的四则运算。

3. 实验 2. 2 中的员工类，若不设计 printMsg 方法，要在应用程序中输出员工的基本信息，应添加哪些方法？请上机验证你的结论。

3 继承、多态与复合

使用继承可以定义一个具有父类所有功能的新类。通过复合可以在对象中再引用其他对象，可以利用其他对象提供的特性。多态性允许将子类的对象视为其基类的对象使用，使用相同的方式处理众多对象有利于简化代码。

【实验目标】

(1)深刻理解继承、多态和复合的概念。

(2)能够区分继承和复合。

【重点】

(1)能够熟练使用 Objective－C 创建子类。

(2)学会 Objective－C 中实现多态的方法。

(3)掌握在 Objective－C 中如何实现复合。

【难点】

(1)在实际问题中能够正确使用继承和复合。

(2)能够用复合解决实际问题。

【相关知识点】

1. 继承

继承是指基于一个现有的类来创建一个新类。

2. 继承的语法

```
@ interface 子类名 : 父类名
```

- 在 Objective－C 中默认父类为 NSObject。
- NSObject 类是大部分 Objective－C 类继承体系的根类。根类没有父类。这个类提供了一些通用的方法。对象通过继承 NSObject 可以从其中继承访问运行时的接口，并让对象具备 Objective－C 对象的基本能力。
- Objective－C 仅支持单继承。

3. 实例变量和方法的继承

父类的非私有实例变量和方法都会成为子类定义的一部分，子类可以不再对该实例变量和方法进行声明，直接访问这些实例变量和方法。

只有在父类的接口部分声明的实例变量和方法才能在子类中直接使用，在实现部分声明的实例变量是私有的，子类不能直接访问。

4. 子类可以新增实例变量和方法以扩展父类

子类接口不允许定义与父类接口部分重名的实例变量。如图 3－1 和图 3－2 所示为错误的做法。Xcode 提示重复的成员“Duplicate member”。

```
1 //  A.h
2 #import <Foundation/Foundation.h>
3 @interface A : NSObject{
4     int a;
5 }
6 @end
```

图 3－1　父类 A

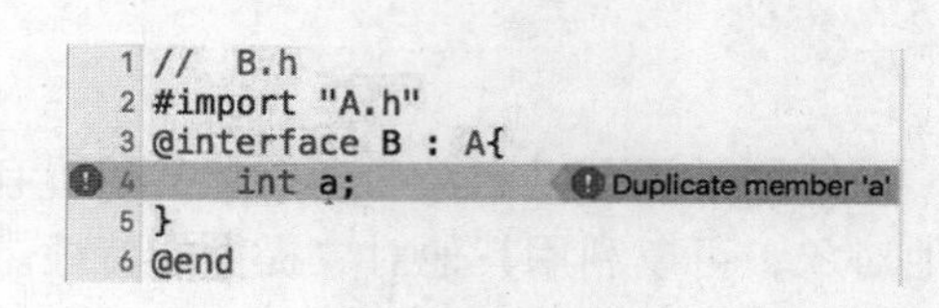

图 3－2　子类 B

5. 重写(override)方法

对于从超类继承过来的方法，有时候我们可能需要替换或者增强它的功能，此时需要在子类中对这些方法进行重写(又称为方法覆盖)。

若子类中的方法与父类中的某一方法具有相同的方法名、返回类型和参数表，则子类中的方法将覆盖父类中原有的方法。

若子类中需要调用父类被覆盖的方法，可以使用 super 关键字，该关键字引用了当前类的父类。

注意，Objective－C 没有重载，因为 Objective－C 只认函数名，不认参数类型，不允许存在多个同名函数。

6. super 关键字

super 用于限定该对象调用它从父类继承得到的属性和方法。

super 不能出现在类方法中。类方法调用只能是类本身，而不是对象。

7. self 关键字

self 相当于 C ++ 中的 this 指针，是类的一个隐藏的参数，指向类实例本身，即谁调用它，就指向谁。

可以使用“self -> 实例变量”的形式访问实例变量，也可以使用“self 方法名”的形式调用方法。

8. 重构

所谓重构，是在不改变程序外在功能的前提下，对代码做出修改，改进程序的内部结构。本质上说，重构就是在代码写好之后改进它的设计。

9. 自定义 NSLog( )

若希望在控制台上输出对象的信息(一般为实例变量的值)，可以在类中重写 NSObject 类的 description 方法，该方法可以返回一个字符串用以描述当前的对象。这样通过 NSLog( )使用“%@”格式说明符就可以输出对象。

```
- (NSString * )description;
```

这个接口是所有 NSObject 及其子类都拥有的方法，NSLog 参数中的“%@”默认就是读取这个方法的返回值并输出。而根类 NSObject 中 description 方法返回的仅仅是当前对象的指针。例如，如果我们在后面实验 3.1 的 main 函数中添加语句“NSLog(@"%@", shape1)”，此时控制台中对象 shape1 的输出效果如图 3－3 所示。可见，这并不能正确地描述对象的基本信息。

```
<Circle: 0x100203960>
```

图 3－3　对象 shape1 的输出效果

这时，可以在自定义的类中重写 description 方法，以我们所需要的格式和内容去描述对象。对于基类中被覆盖的方法 description，可以不必在子类中的接口声明。我们在后面实验 3.1 的 Circle 类中重写 description 之后，对象 shape1 的输出效果如图 3－4 所示。

```
- (NSString * )description
{
    return [NSString stringWithFormat:@ "Circle.....bounds:(% d % d % d % d )  color:%  @   radius:%  .1f ", bounds.x, bounds.y, bounds.width, bounds.height, colorName(fillColor), radius];
}
```

```
Circle......bounds:(0 0 10 30) color:red radius:1.5
```

图 3－4　重写 description 方法后 shape1 输出效果

10. 抽象类

如果一个类没有包含足够的信息来描绘一个具体的对象，这样的类就是抽象类。抽象类定义的目的主要是为了别的类能从它那里继承。抽象类对于它自己来说是不完整的，通常我们不会创建抽象类的实例。NSObject 类就是一个典型的抽象类。

11. 多态、动态类型和动态绑定

多态指同样的消息被不同类型的对象接收时导致的不同行为。所谓消息是指对实例方法的调用。不同行为是指不同的实现，也就是调用了不同的方法。不同的类具有相同方法名称的能力称为多态，即“相同的名称、不同的类”。

多态的用处：多态能够使来自不同类的对象定义相同名称的方法。在继承体系中，允许将子类的对象视为其基类的对象使用。可以建立一个基本类型对象的集合，但是集合中的对象可以具有子类的方法实现。

动态类型就是运行时再决定对象的类型，简单说就是 id 类型。id 类型即通用的对象类型，可以用来存储属于任何类的对象。动态类型能使程序直到执行时才确定对象所属的类。

基于动态类型，在某个实例对象被确定后，其类型便被确定了。该对象对应的属性和响应的消息也被完全确定，这就是动态绑定。动态绑定能使程序直到执行时才确定实际要调用的对象方法。

结合多态、动态类型和动态绑定，能够轻易地编写出可以向不同类型对象发送相同消息的代码，如图 3 - 5 所示。

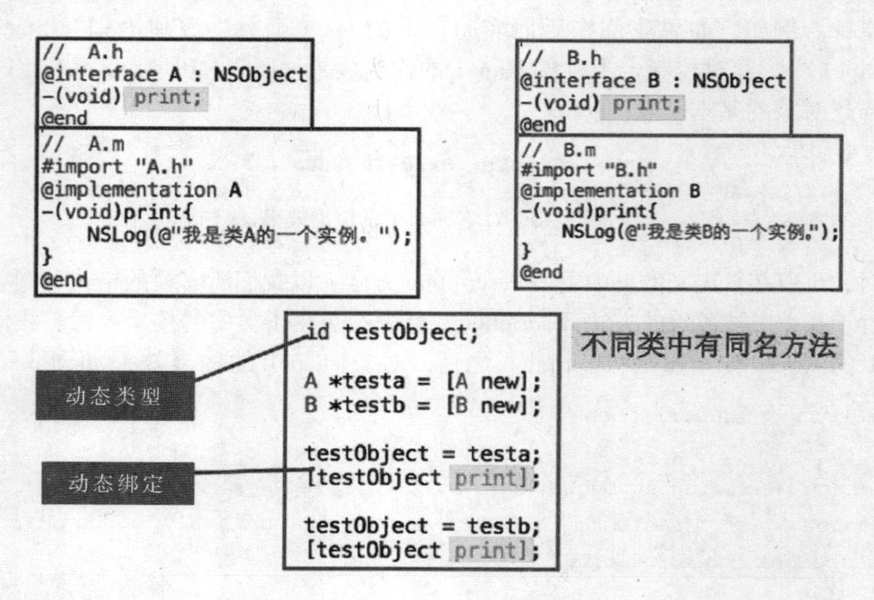

图 3 - 5　多态、动态类型与动态绑定

12. 类型的自查处理机制

我们可能会遇到类似这样的问题：例如，这个对象是 Circle 类的对象吗？这个对象是否支持 area 方法？这个对象是否是 Shape 类或其子类的对象？在 NSObject 类中提供了一些方法完成这样的基础判断操作，这些方法都是在运行时动态判断的。表 3 - 1 总结了 NSObject 类所支持的一些处理动态类型的基本方法，它们可以避免错误或在运行程序时检查程序的完整性。表中的 aSelector 可以对一个方法名应用@ selector 指令，例如“@ selector(area)”。

表 3 - 1　处理动态类型的方法

方　法	功　能
- (BOOL) isKindOfClass: (Class) aClass	检测对象是否继承自某个类
- (BOOL) isMemberOfClass: (Class) aClass	检测对象是否是某个类的对象
- (BOOL) respondsToSelector: (SEL) aSelector	检测对象能否响应指定的方法
+ (BOOL) instanceMethodForSelector: (SEL) aSelector	检测类能否响应指定的方法
+ (BOOL) isSubclassOfClass: (Class) aClass	检测类是否是指定类的子类

13. 复合

复合是两个类之间的另外一种关系，通过复合可以定义一个类包含其他类的一个或多个对象，也称为组合。复合是在一个新的对象里使用一些已有的对象，使之成为新对象的一部分，新对象通过调用已有对象的方法达到复用其已有功能的目的。

严格来说，只有对象之间的组合才是复合。类中的基本数据及结构型成员之间的组合不算复合。

14. Objective－C 中复合的实现

在 Objective－C 中，复合通常是通过包含作为实例变量的对象指针实现的。在复合中，对象可以引用其他对象，在引用时还可以利用其他对象提供的特性。我们通常会为复合的对象编写存取方法。

15. 区分继承和复合

继承在对象间建立了如"is a"（是一个）这样的关系。例如，三角形是一个形状。

复合建立的则是如"has a"（有一个）的关系。如果能说"X 有一个 Y"，就可以使用复合。例如，汽车有一个发动机和多个轮胎。与继承相反，汽车不是一个发动机，也不是一个轮胎。

实验 3.1　通过继承方式改进绘图程序

【实验目的与要求】

(1)学会使用 Objective - C 建立子类。

(2)掌握继承的概念、继承的语法格式。

(3)掌握方法的覆盖。

【实验内容与步骤】

本实验要求利用面向对象程序设计中继承的特性，优化实验 2.1 绘图程序，并增加计算图形面积的功能。

(1)创建基类 Shape。如图 3 - 6 所示，在这个类中仅描述图形的颜色及所占区域，并为每个实例变量设计相应的存放方法。基类对象要求具有自绘图的能力(draw 方法)，并提供一个统一的计算面积的接口 area。由于当前图形的形状还没有确定，所以 draw 方法仅输出当前图形的基本信息(颜色和所占区域)。draw 方法的输出效果如图 3 - 7 所示。

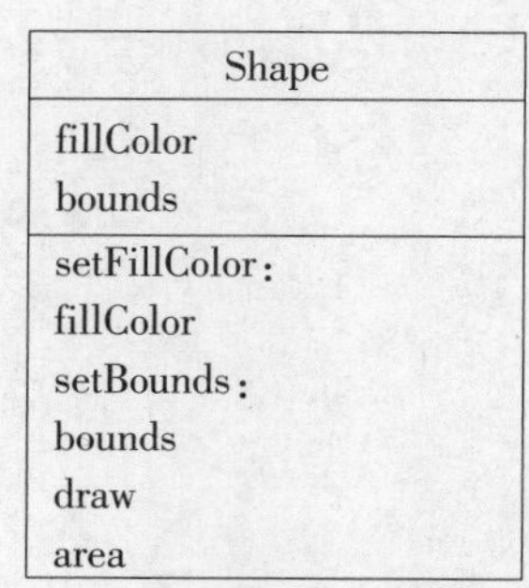

图 3 - 6　Shape 类

为了说明颜色和所占区域所属的类型，在 Shape 的接口文件中，仍然要声明枚举类型 ShapeColor 和结构体类型 ShapeRect。另外，负责将枚举型颜色值转化为字符串的函数 colorName 也需要保留。

```
bounds:(0 0 10 30) color:red
```

图 3 - 7　Shape 类的绘图效果

(2)基于超类 Shape 创建子类 Circle 和 Triangle。在创建子类时，父类的名字一定要修改，而不要用默认的根类 NSObject，如图 3 - 8 所示。

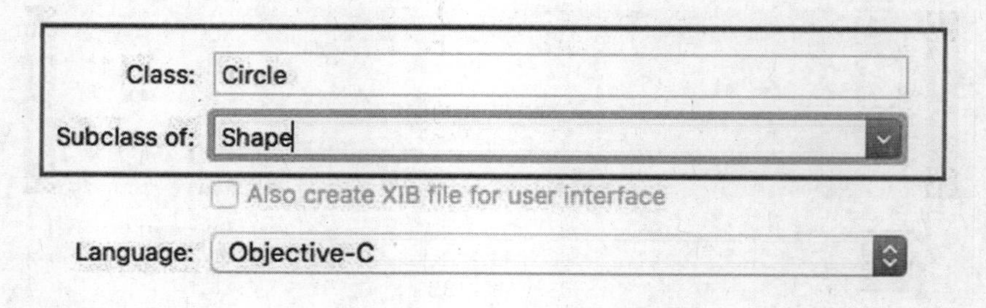

图 3 - 8　创建类时指定其父类名

修改后的绘图程序架构如图 3-9 所示。由于需要增加计算图形面积的功能，所以子类需要新增相应的实例变量，如圆形的半径、三角形的底边长和高等。另外子类中需要重写基类中的 draw 和 area 方法以适应每种形状的需求。

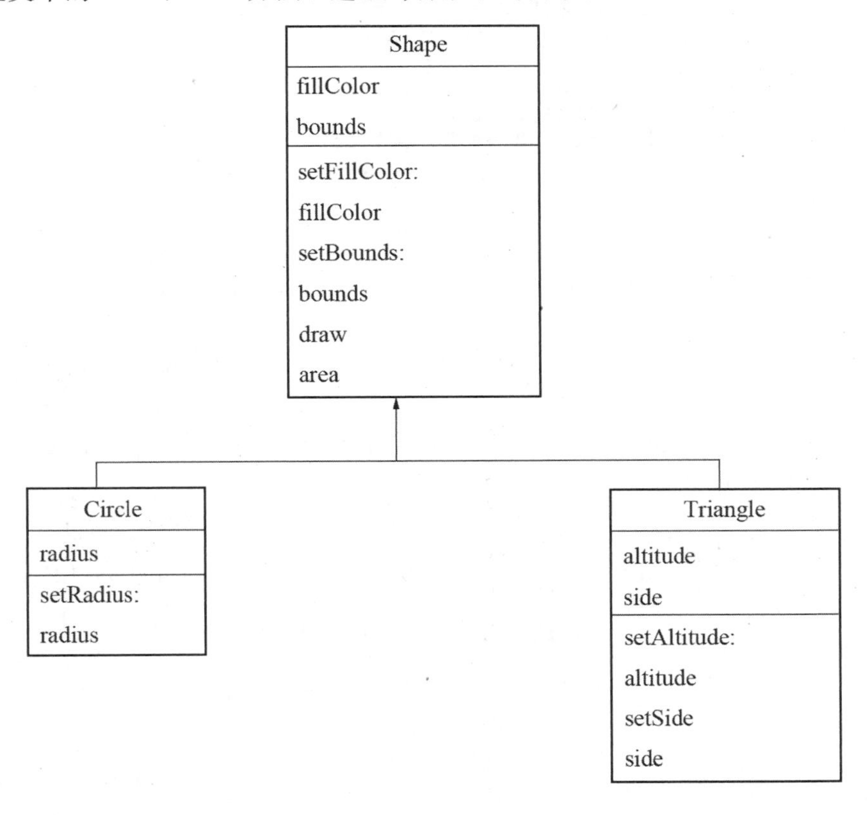

图 3-9　通过继承方式改进后的绘图程序架构

➤ 实现子类的 draw 方法时，可以利用 super 调用父类的同名方法以完成输出图形颜色和区域的功能，而无须再重新书写与父类中相同的代码。draw 方法的输出效果如图 3-10所示。

```
Start drawing a circle...
radius:1.5
bounds:(0 0 10 30) color:red
...End drawing circle
```

图 3-10　Circle 类的绘图效果

➤ 圆周率用 M_PI 表示。M_PI 是 C 标准库的头文件"math. h"中定义的一个数学常量宏。

```
#define M_PI  3.14159265358979323846264338327950288  /* pi* /
```

(3)在 main 函数中建立两个子类的对象。通过向对象发送不同的消息实现相应的功能。测试效果如图 3 – 11 所示。

```
Start drawing a circle...
radius:1.5
bounds:(0 0 10 30) color:red
...End drawing circle

Start drawing a triangle...
altitude:5 side:3
bounds:(30 40 50 60) color:blue
...End drawing triangle
```

图 3 – 11　绘图测试效果

➢ 可以请参考下面圆形对象的测试过程，完成矩形对象的测试。

```
ShapeRect rect1 = {0,0,10,30};
id shape1 = [Circle new];
[shape1 setFillColor:kRedColor];
[shape1 setBounds:rect1];
[shape1 setRadius:1.5];
[shape1 draw];
```

（4）在 main 函数中，如何输出圆形的半径和面积？测试效果如图 3 – 12 所示。

```
radius:1.5 area:7.1
```

图 3 – 12　测试子类的新增功能

实验 3.2　Objective – C 中的多态

【实验目的与要求】

(1)进一步熟悉 Objective – C 中继承的实现方法。

(2)掌握 Objective – C 中实现多态的方法。

【实验内容与步骤】

本实验在实验 3.1 的基础上进行修改和扩展，增加图形的位置信息，可以随机生成多个形状，且可以统一输出图形信息，如颜色、位置、圆形半径、矩形长和宽、面积等。如无特殊说明，本实验中的每个类都要为各自的实例变量设计存取方法。

(1)设计点类 XYPoint 用以描述图形的位置信息，并且每个点对象都可以用(x, y)的形式在控制台上输出。这里，我们需要重写 description 方法，以支持对象的输出要求。

```
- (NSString * )description
{
   return [NSString stringWithFormat:@ "(% i,% i)", x, y];
}
```

(2)为 Shape 类增加 XYPoint 类型的位置信息 position，删除原有的 bounds 实例变量及相关代码。

```
@ interface Shape : NSObject {
  ShapeColor _fillColor;
  XYPoint * _position;
}
```

(3)参照内容(1)的做法，分别为 Shape 的子类 Circle、Rectangle 和 Triangle 增加自描述功能。控制台上的输出效果如图 3 – 13 所示。

```
Circle......position:(100,100) color:red radius:19.0
Triangle......position:(200,200) color:blue altitude:18 side:18
Rectangle......position:(150,150) color:green length:13 width:4
```

图 3 – 13　各种形状的图形对象的输出效果

(4)要求每个子类图形都具有默认的颜色和位置。例如，圆形默认都是红色的，圆心位置(100, 100)。为实现此功能，我们需要为每个子类都重写根类 NSObject 的 init 方法。下面是 Circle 类的 init 代码，其他两个子类的 init 方法请自行完成。

```
- (instancetype)init
{
    self = [super init];
    if (self) {
        _fillColor = kRedColor;
        XYPoint * aPoint = [XYPoint new];
        [aPoint setX:100];
        [aPoint setY:100];
        _position = aPoint;
    }
    return self;
}
```

(5)参考下面的步骤，在 main 中随机产生若干个(至少 10 个)圆形、矩形和三角形的实例，并利用多态性输出每个图形的基本信息和面积。测试效果如图 3 - 14 所示。

```
Rectangle......position:(150,150) color:green length:17 width:18 area:306.0
Triangle......position:(200,200) color:blue altitude:12 side:5 area:30.0
Triangle......position:(200,200) color:blue altitude:3 side:8 area:12.0
Rectangle......position:(150,150) color:green length:13 width:7 area:91.0
Triangle......position:(200,200) color:blue altitude:5 side:13 area:32.5
Circle......position:(100,100) color:red radius:19.0 area:1134.1
Triangle......position:(200,200) color:blue altitude:18 side:18 area:162.0
Rectangle......position:(150,150) color:green length:13 width:4 area:52.0
Circle......position:(100,100) color:red radius:1.0 area:3.1
Rectangle......position:(150,150) color:green length:18 width:5 area:90.0
```

图 3 - 14　多态性测试效果

可以定义一个 id 类型的数组，数组中的每个元素指向一个随机生成的图形对象。

利用循环结构，实例化若干个图形对象，图形的形状可以利用随机函数确定。

实例化的每个图形，其颜色和位置用默认信息，而诸如圆形的半径或矩形的长、宽这样的信息要随机生成，且其值在 20 以内。

随机函数 arc4random(void)生成的随机整数范围较大且不需要随机种子。例如，产生 1～10 之间的随机数，可以使用代码“1 + arc4random( )% 10”。

```
id shape[10];
    for (int i = 0; i < 10; i + +) {
        int type = arc4random()% 3;
        if (type = = 0) {
            shape[i] = [Circle new];
            [shape[i] setRadius:1 + arc4random()% 20];
        }
        else if (type = = 1){
            shape[i] = [Rectangle new];
            [shape[i] setLenght:1 + arc4random()% 20];
            [shape[i] setWidth:1 + arc4random()% 20];
```

```
        }
        else if (type == 2){
            shape[i] = [Triangle new];
            [shape[i] setAltitude:1 + arc4random()% 20];
            [shape[i] setSide:1 + arc4random()% 20];
        }
        NSLog(@"%@ area:%.1f", shape[i], [shape[i] area]);
    }
```

(6)在上述程序中，确定以下消息表达式的返回值，并上机验证。请查找资料，并根据输出结果分析“[类名 class]”和“[对象 class]”的异同。

```
[shape[9] isMemberOfClass:[Circle class]];
[shape[9] respondsToSelector:@selector(area)];
[shape[9] isKindOfClass:[Shape class]];
[Circle instanceMethodForSelector:@selector(setRadius:)];
[Circle isSubclassOfClass:[Shape class]];
```

实验3.3 通过复合方式实现汽车的组装

【实验目的与要求】

(1)理解复合的概念。

(2)掌握在 Objective - C 中如何实现组合。

(3)能够区分继承和复合。

(4)能够用复合解决实际问题。

【实验内容与步骤】

本实验将综合使用继承和复合模拟汽车的组装过程。简化汽车模型，一辆汽车只需要一台发动机和四个轮胎。我们将先定义并实现零部件类，再定义并实现汽车类。

(1)生产汽车框架(无零部件)。

①定义并实现普通引擎 Engine 类。在这个类中唯一的方法是重写 NSObject 类的 description 方法，以便描述一个引擎对象。

```
//  Engine.h
#import <Foundation/Foundation.h>
@interface Engine : NSObject
@end
//  Engine.m
#import "Engine.h"
@implementation Engine
-(NSString *)description
{
  return (@"I am an engine.Vrooom!");
}
@end
```

②仿照 Engine 的做法，定义并实现普通轮胎 Tire 类。

```
//  Tire.h
#import <Foundation/Foundation.h>
@interface Tire : NSObject
@end
//  Tire.m
#import "Tire.h"
@implementation Tire
-(NSString *)description
```

```
{
    return (@ "I am a tire. I last a while");
}
@ end
```

③定义并实现汽车类 Car。用 1 个 Engine 对象和 4 个 Tire 对象组合出虚拟的 Car 实例。为 Car 类设计一个打印汽车配置清单的实例方法 print。

```
//  Car.h
#import <Foundation/Foundation.h>
@ class Tire;
@ class Engine;
@ interface Car : NSObject {
        Engine * _engine;
        Tire * _tires[4];
}
- (void)print;
@ end
```

在上述代码中，“@ class”的作用是告诉编译器，这是一个类。“@ class”可以解决循环依赖的问题。例如 A. h 导入了 B. h，而 B. h 导入了 A. h，每一个头文件的编译都要让对象先编译成功才行。使用“@ class”就可以避免这种情况的发生。

```
//  Car.m
#import "Car.h"
#import "Engine.h"
#import "Tire.h"
@ implementation Car
- (void)print
{
      NSLog(@ "% @ ",_engine);
      for(int i =0; i <4; i + +)
      {
              NSLog(@ "% @ ",_tires[i]);
      }
}
@ end
```

在头文件中，一般只需要知道被引用的类的名称就可以了，不需要知道其内部的实例变量和方法。所以在头文件中一般使用“@ class”来声明这个名称是类的名称。而在类的实现里面，因为会用到这个引用类的内部的实例变量和方法，所以需要使用“#

import"来包含这个被引用类的头文件。

④测试，生产一个汽车框架(没有安装引擎和轮胎)。在 main 函数中实例化一个 Car，并尝试打印汽车配置清单。程序的运行结果如图 3－15 所示。

```
//  main.m
#import <Foundation/Foundation.h>
#import "Car.h"
#import "Engine.h"
#import "Tire.h"
int main(int argc, const char * argv[])
{
    @autoreleasepool {
        Car * myCar = [[Car alloc]init];
        NSLog(@"当前汽车的配置清单");
        [myCar print];
    }
    return 0;
}
```

```
当前汽车的配置清单
(null)
(null)
(null)
(null)
(null)
```

图 3－15　生产汽车框架

根据程序的运行结果分析，当前这部汽车的 1 个引擎和 4 个轮胎为空对象(null)，也就是说这部汽车提供了零部件的位置，但并没有安装真正的引擎和轮胎，这里仅生产了汽车的框架。

由 Car 类的声明代码可知，每个 Car 实例应该拥有 1 个指向 Engine 对象的指针和 4 个指向 Tire 对象的指针。创建新的 Car 对象分配内存时，这些指针被初始化为 nil(零值)，而并没有指向具体的 Engine 对象和 Tire 对象。这是导致最终仅生产出了汽车框架，而非零部件完整的汽车的真正原因。

(2)生产标配车(生产框架的同时配备零部件)。在 Car 类中重写根类的 init 方法，以便在实例化一个汽车对象的同时，能够实例化引擎和轮胎对象。测试效果如图 3－16 所示。

```
- (instancetype)init
{
    self = [super init];
```

```
    if (self) {
        engine = [Engine new];
        tires[0] = [Tire new];
        tires[1] = [Tire new];
        tires[2] = [Tire new];
        tires[3] = [Tire new];
    }
    return self;
}
```

```
当前汽车的配置清单
I am an engine.  Vrooom!
I am a tire. I last a while
I am a tire. I last a while
I am a tire. I last a while
I am a tire. I last a while
```

图 3-16　生产标配车

使用 new 创建对象的时候，实际发生了两个步骤：

①为对象分配内存(本例中每个 Car 对象需要 5 个指针变量空间)；

②自动调用 init 方法，初始化对象使其处于可用状态。本例中，若无自定义的 init 方法，则 5 个指针将被初始化为零值 nil，而实际情况是 5 个指针应该分别指向 1 个 Engine 对象和 4 个 Tire 对象。

(3)生产组装车(先生产框架，后期组装零部件)。汽车在初始化时生产固定的引擎和轮胎导致程序不灵活，为 Car 添加存取方法以提供运行时改变的能力。

①在 Car 的接口文件中，为引擎和轮胎增加存取方法的接口。

```
- (void)setEngine:(Engine * )newEngine;
- (Engine * )engine;
- (void)setTire:(Tire * )newTire AtIndex:(int)index;
- (Tire * )tireAtIndex:(int)index;
```

②在 Car 的实现文件中，实现引擎和轮胎的存取方法，同时我们删除 init 方法。

```
- (void)setEngine:(Engine * )newEngine
{
    _engine=newEngine;
}
- (Engine * )engine
{
    return (_engine);
}
```

```
- (void)setTire:(Tire * )newTire AtIndex:(int)index
{
        if (index <0 || index >3) {
                NSLog(@ "bad index (% d) in setTire:AtIndex:",index);
                exit(1);
                }
                _tires[index] =newTire;
}
- (Tire * )tireAtIndex:(int)index
{
        if (index <0 || index >3) {
                NSLog(@ "bad index (% d) in tireatIndex:",index);
                exit(1);
        }
        return (_tires[index]);
}
```

在 Tire 的存取方法中，我们采用了防御式编程，使用通用代码来检查实例变量的数组索引，以保证它是有效数值。若超出了有效范围，那么程序就会输出错误信息并且退出。

③在 main 函数中，先生产汽车框架，再生产零部件，最后组装汽车。程序运行效果与第②步相同，说明程序仅仅是进行了内部架构的重构，并没有影响外部行为。

```
//生产框架
Car * myCar = [Car new];
//组装零部件并组装
Engine * engine = [Engine new];
    [myCar setEngine: engine];
int i;
for (i = 0; i < 4; i + +) {
    Tire * aTire = [Tire new];
    [myCar setTire:aTire AtIndex:i];
}
//打印配置清单
NSLog(@ "当前汽车的配置清单");
[myCar print];
```

(4)生产定制车。增加引擎和轮胎的种类，根据客户需求，组装出定制汽车。由于新增的零部件对原有 Engine 和 Tire 做了一些改变，我们可以采用继承的方式来创建新的引擎 Slant－6 和轮胎 AllWeatherRadial。引擎 Slant－6 和轮胎 AllWeatherRadial 的设计请参照已有的 Engine 及 Tire 自行实现。若客户需要新型的零部件，则最终的运行效果如图 3－17 所示。

```
当前汽车的配置清单
I am a slant-6. VROOOM!
I am a tire for rain or shine.
I am a tire for rain or shine.
I am a tire for rain or shine.
I am a tire for rain or shine.
```

图 3 – 17　生产定制车

练　习

1. 仔细阅读下面的程序，根据如图 3 – 18 所示的程序运行结果，在横线上填写代码。

```
// parent.h
#import <Foundation/Foundation.h>
@interface Parent : NSObject
- (void)print;
@end
// parent.m
#import "Parent.h"
@implementation Parent
- (void)print
{
    NSLog(@"Hello Objective-C!");
}
@end
// child.h
#import ________________
@interface ________________________
@end
// child.m
#import "Child.h"
@implementation Child
@end
// main.m
#import <Foundation/Foundation.h>
#import ________________
int main(int argc, const char * argv[]) {
    @autoreleasepool {
        Child * achild = [[Child alloc]init];
```

```
        ______________________;
    }
    return 0;
}
```

Hello Objective-C!

图 3 - 18　运行结果

2. 下面代码在编译时出现如图 3 - 19 所示的错误信息提示，请指出其中的错误原因，并上机验证。

```
//  A.h
#import <Foundation/Foundation.h>
@interface A : NSObject{
    int a1;
@private
    int a2;
@public
    int a;
}
@end

//  A.m
#import "A.h"
@implementation A
@end

//  B.h
#import "A.h"
@interface B : A{
    int b;
@private
    int b1;
    int b2;
}
@end

//  B.m
#import "B.h"
@implementation B
int b3;
```

```
@ end

//  C.h
/
#import "B.h"
@ interface C : B{
    int a1;
}
- (void)print;
@ end

//  C.m
#import "C.h"

@ implementation C
- (void)print
{
    NSLog(@ "% i,% i,% i,% i,% i,% i",a,a1,a2,b,b1,b2,b3);
}
@ end

//  main.m
#import <Foundation/Foundation.h>
#import "C.h"
int main(int argc, const char * argv[]) {
    @ autoreleasepool {
        C * obj = [[C alloc]init];
        [obj print];
    }
    return 0;
}
```

思考：能否在 main 函数中输出对象 obj 的实例变量 a？如果可以，请写出正确的代码；如果不可以，请说明原因。

```
▼ C.h
  ▶ Duplicate member 'a1'
▼ C.m
    Instance variable 'a2' is private
    Instance variable 'b1' is private
    Instance variable 'b2' is private
    Use of undeclared identifier 'b3'
```

图 3 – 19　错误信息

3. 提取下面教师和学生类中共性的信息，定义父类，然后用继承的特性设计子类。方法实现时只要输出的信息能够表明是调用了哪个类的哪个方法即可。完成后在 main 中分别定义一个学生和老师进行测试。

(1)老师和学生都有年龄、性别。

(2)老师有工号，学生有学号。

(3)老师和学生都要吃饭、睡觉、娱乐。

(4)老师的工作是教学。

(5)学生的工作是学习。

4. 编写程序模拟两种不同类型的房屋——二层洋房和多层大厦。

(1)分析这两种不同类型的房屋共同的特征，如颜色、进入前门 enterFrontDoor 等，建立基类 House。

(2)分别建立 House 的两个子类洋房 Colonial 和大厦 Mansion。

(3)为每个子类增加其专属特征。例如，为二层洋房 Colonial 提供一个名为 goUpstairs 的方法让用户上楼，为多层大厦提供名为 useElevator 的方法让用户乘坐电梯。

(4)程序中的一些用户行为类的实例方法，如进入前门 enterFrontDoor、上楼 goUpstairs 和乘坐电梯 useElevator 等方法，在实现时可以用在控制台上输出一段文字描述来表示用户发生了相应的行为。例如，“Going to floor：4”。

(5)在每个子类中重写基类的 enterFrontDoor 方法。对于洋房，输出“You have entered the foyer.”；对于大厦，输出“The butler awaits.”。

(6)在 main 函数中，使用多态调用三种类型对象的 enterFrontDoor 方法，测试效果如图 3－20 所示。

```
House is Red
Entering front door
Colonial is Green
You have entered the foyer.
Going upstairs
Mansion is Yellow
The butler awaits.
Going to floor: 4
```

图 3－20　测试效果

提示：可以声明一个“House *”的数组，数组元素分别指向 House 对象、Colonial 对象和 Mansion 对象。通过循环结构输出每个房子的类型、颜色、进入前门(调用 enterFrontDoor)。若房子是洋房或大厦，还须要调用各自的专属方法(goUpstairs 和 useElevator)。这里可能会用到“对象 class”、强制类型转换以及表 3－1 中列的一些动态方法。

5. 已知某公司月薪计算方法为：

```
月薪 = 工龄补贴 + 绩效
```

假设公司只有程序和销售两类员工，其中

程序绩效 = 300 × 工作天数

销售绩效 = 销售额 × 5%

工龄补贴 = 200 × 工龄

编写程序实现薪资管理。

(1) 参考图 3 – 21 所示的架构图，设计超类 Emploee 和基于 Emploee 的子类 Programmer 和 Sale。

(2) Emploee 类的设计可参考实验 2. 2 的第 4 点。

(3) 子类重写父类方法时，利用 super 调用父类中被覆盖的同名方法。

(4) 在 main 函数中参考下面步骤进行测试。

①创建子类对象。

②给子类对象的实例变量赋值。

③调用子类对象的实例方法显示个人信息和月薪。

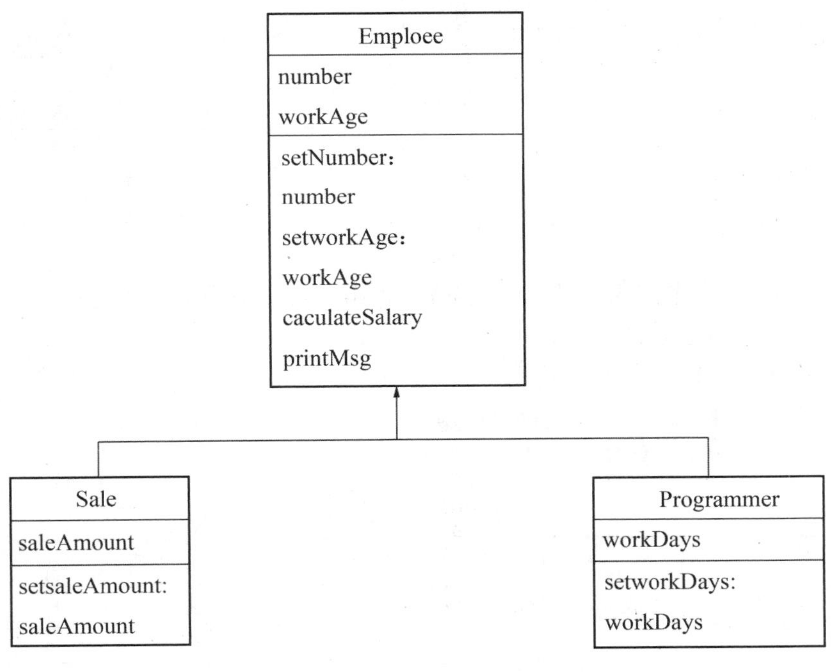

图 3 – 21　薪资管理程序架构

(5) 测试效果如图 3 – 22 所示。

```
number:1001   workAge:2
workDays:21
salary:6700.0
number:1002   workAge:1
saleAmount:350000
salary:17700.0
```

图 3 – 22　薪资管理程序测试效果

6. 编写程序完成汽车的组装。

(1)根据图3－23所示的程序架构，分别创建以下几个类。

普通引擎 Engine 类；

继承自 Engine 的子类 Slant6；

普通轮胎 Tire 类；

继承自 Tire 的子类 AllWeatherRadial；

由1个 Engine 对象和4个 Tire 对象复合而成的汽车类 Car。

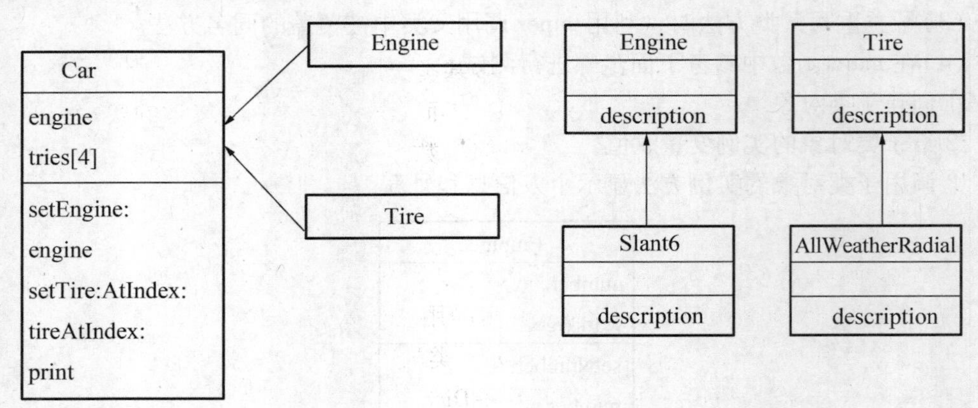

图3－23 汽车组装程序架构

(2)在 main 中参考表3－2所示的步骤分别组装4辆不同配置的汽车。

car1：普通引擎、普通轮胎；

car2：slant6 引擎 、普通轮胎；

car3：普通引擎、AllWeatherRadial 轮胎；

car4：slant6 引擎、AllWeatherRadial 轮胎。

表3－2 汽车组装步骤

动作	步骤描述	代码
①客户提出购买请求	生成 Car 的对象	`Car * mycar =[Car new];`

②生产零部件，1个引擎和4个轮胎	生成 Car 对象的数据成员，即1个 Engine 对象和4个 Tire 对象	`Engine * engine =[Engine new];`
		`[mycar setEngine: engine];`
		`for(int i=0; i<4; i++)`
		`{`
		`Tire * tire =[AllWeatherRadial new];`
		`[mycar setTire: tire AtIndex: i];`
		`}`

③零件组装	用第②步的5个对象给 Car 对象的数据成员赋值	
④打印配置列表	调用 print 方法	`[mycar print];`

4 基础框架

基础框架(Foundation framework)是由一些基类组合而成的 Objective - C 类集。它是为所有程序开发奠定基础的框架，与图形用户界面没有直接关系。本章的实验将围绕着基础框架的一些常用类的用法展开，如字符串、数组、字典等。

【实验目标】

(1)掌握 Foundation 中结构体类型 NSRange、NSPoint、NSSize 和 NSRect 的用法。

(2)掌握 NSString 类和 NSMutableString 类的用法。

(3)熟练掌握 NSArray 类和 NSMutableArray 类的用法。

(4)熟练掌握 NSDictionary 类和 NSMutableDictionary 类的用法。

(5)掌握 NSNumber 类和 NSNull 类的用法。

【重点】

(1)熟练使用快捷函数创建上述几种结构体类型的变量。

(2)熟练掌握数组的快速枚举遍历法。

(3)会用快速枚举和代码块的方式遍历字典。

【难点】

(1)能够熟练使用字面量语法创建字符串、数组、字典和数字对象。

(2)能够根据实际情况选择恰当的数据类型解决实际问题。

【相关知识点】

1. Foundation 文档

➢ Option +单击某个标识符：在弹出窗口中显示信息概要，即声明、符号的描述信息、其所有返回值、其可用的 SDK 版本、头文件以及相关参考文档的链接等，如图4 -1所示。

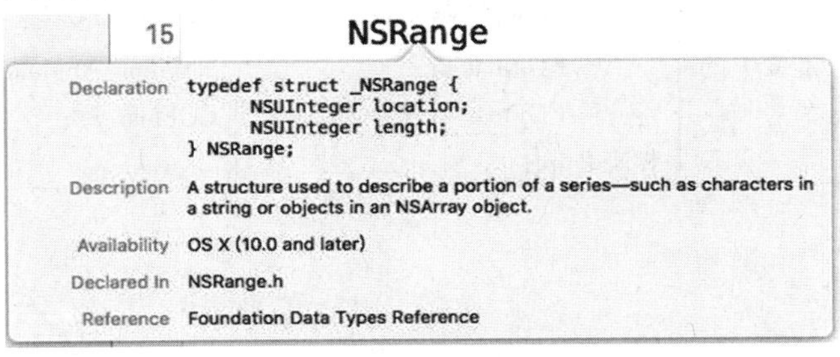

图 4 - 1　Option + 单击显示概要面板

➢ Command +单击某个标识符：显示这个符号的定义。源代码编辑器将导航到该符号的定义中，并将其高亮显示。如果该定义位于单独的文件中，那么代码编辑器将会显示这个文件，如图 4-2 所示。

```
12 typedef struct _NSRange {
13     NSUInteger location;
14     NSUInteger length;
15 } NSRange;
```

图 4-2　Command +单击显示定义面板

➢ Option +双击某个标识符：打开文档浏览器并搜索这个标识符。这是直接访问苹果公司官方 API 文档的最快方法，如图 4-3 所示。

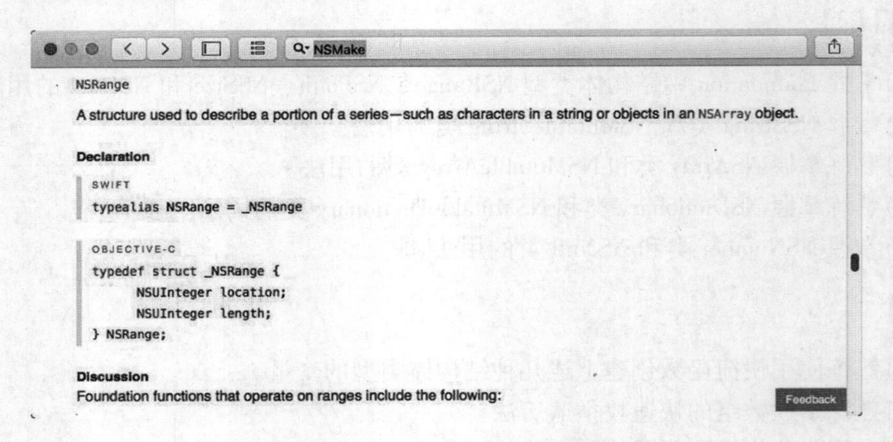

图 4-3　Option +双击打开文档浏览器

2. 常用的结构体类型

常用的结构体类型如表 4-1 所示。

表 4-1　几种常用的结构体类型

类型名称	含义	声明	快捷函数
NSRange	范围，通常是字符串里的字符范围或者数组里的元素范围	typedef struct _NSRange { NSUInteger location; NSUInteger length; } NSRange;	NSRange NSMakeRange(NSUInteger loc, NSUInteger len);
NSPoint	笛卡尔坐标系中的点	typedef struct _NSPoint { CGFloat x; CGFloat y; } NSPoint;	NSPoint NSMakePoint(CGFloat x, CGFloat y);

续表4－1

类型名称	含义	声明	快捷函数
NSSize	二维大小	typedef struct _NSSize { CGFloat width; CGFloat height; } NSSize;	NSSize NSMakeSize (CGFloat w, CGFloat h);
NSRect	矩形	typedef struct _NSRect { NSPoint origin; NSSize size; } NSRect;	NSRect NSMakeRect (CGFloat x, CGFloat y, CGFloat w, CGFloat h);

3. 类方法与实例方法

类对象。Objective－C运行时生成一个类的时候，会创建一个表示该类的神奇对象类对象，它包含指向超类的指针、类名、指向类方法列表的指针和一个long型数据，用以指定新创建的实例对象的大小(字节)。

类方法通常用于创建新的实例或访问全局数据，它属于类对象的方法而不是实例对象的方法。用来创建新对象的类方法也称为工厂方法。

类方法以“＋”为前导符，通常实现常规功能，如创建实例对象(此时类方法又叫工厂方法)、访问全局数据等。

类方法由类进行调用，格式如下：

```
[类名 类方法名];
```

实例方法以“－”为前导符。不写前导符时默认为实例方法。

实例方法由实例对象进行调用，格式如下：

```
[对象名  实例方法名];
```

4. 字符串类型

传统C语言使用字符数组表示字符串，但它最后一个字节设为“\0”，不支持国际字符，处理复杂。Objective－C对字符串类进行了封装，简化了上述问题。

基础框架中字符串分为不可变字符串(NSString)和可变字符串(NSMutableString)两个类。

5. NSString

NSString是不可变的，一旦创建了一个NSString实例，将无法修改其值。当确定不需要修改字符串内容时，应该使用NSString。

➢ 字符串的创建。除用字面量语法@"string"创建字符串以外，还可以用类方法创建字符串，如表4－2所示。

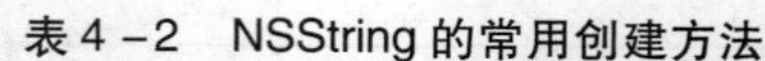

表4-2 NSString的常用创建方法

方 法	说 明
+（instancetype）string	创建空字符串
+（instancetype）stringWithString：（NSString *）aString	用已有字符串创建新字符串
+（instancetype）stringWithFormat：（NSString *）format，...	创建格式化字符串

示例：

```
NSString * str1 = @ "Hello";
NSString * str2 = [NSString stringWithFormat:@ "名字% @ , % i",@ "王强", 25];
```

➤ 字符串的长度。

```
@ property(readonly) NSUInteger length
```

属性length可以获取字符串中字符的个数，并且可以正确处理国际字符串。注意属性的访问格式是"对象名．属性名"。

示例：

```
NSString * test =@ "你好";
NSLog(@ "% lu",test.length);
```

➤ 字符串的比较。如表4-3所示。

表4-3 NSString的常用比较方法

方 法	说 明
-（BOOL）isEqualToString：（NSString *）aString	比较字符串是否相等
-（NSComparisonResult）compare：（NSString *）aString	比较字符串大小
-（NSComparisonResult）compare：（NSString *）aString options：（NSStringCompareOptions）mask	带选项的字符串比较
-（BOOL）hasPrefix：（NSString *）aString	判断是否以某字符串开始
-（BOOL）hasSuffix：（NSString *）aString	判断是否以某字符串结束

NSComparisonResult是枚举类型，表示比较结果；NSOrderedAscending表示小于；NSOrderedSame表示等于；NSOrderedDescending表示大于。

选项mask用来控制比较的标准，NSCaseInsensitiveSearch表示不区分大小写；NSLiteralSearch表示区分大小写；NSNumericSearch表示根据字符个数比较。

➤ 字符串的查找。

```
- (NSRange)rangeOfString:(NSString * )aString.
```

查找字符串是否包含其他字符串，查找不成功则返回的NSRange的location等于NSNotFound。

➢ 字符串转换类型。表4－4列举了几种常见的获取字符串值的属性。

表4－4 NSString的常用转换类型属性

属 性	说 明
@property(readonly) int intValue	获取字符串的整数值
@property(readonly) BOOL boolValue	获取字符串的布尔值
@property(readonly) float floatValue	获取字符串的单精度浮点值

6. NSMutableString

如果需要动态修改字符串内容，应该使用NSMutableString类。NSMutableString是NSString的一个子类。除了包含在NSString中的方法外，NSMutableString还提供了创建和修改可变字符串的方法，如表4－5所示。

表4－5 NSMutableString的常用创建和修改方法

方 法	说 明
+(NSMutableString *)stringWithCapacity:(NSUInteger)capacity	根据长度生成空字符串
-(void)appendFormat:(NSString *)format, ...	追加格式化的字符串
-(void)appendString:(NSString *)aString	追加另一个字符串
-(void)deleteCharactersInRange:(NSRange)aRange	删除指定范围的字符串

7. 数组类型

在Objective－C中，数组是存储对象的有序列表(注意，Objective－C中的对象为指针形式)。数组可以存放任意类型的对象，但一般情况下，同一个数组的元素都是相同的类型。数组不能存储C语言的基本数据类型和NSArray中的随机指针，不能保存nil(对象的零值或者NULL)。

类似于不可变字符串和可变字符串，数组也分为不可变数组(NSArray)和可变数组(NSMutableArray)。

8. NSArray

➢ 数组的创建，除用字面量语法“@[objects, ...]”创建数组以外，还可以用类方法创建数组，如表4－6所示。

表4－6 NSArray的常用创建方法

方 法	说 明
+(instancetype)array	创建空数组
+(instancetype)arrayWithArray:(NSArray <ObjectType> *)anArray	用已有数组创建新数组
+(instancetype)arrayWithObjects:(ObjectType)firstObj, ... nil	创建一个包含指定对象列表的数组，参数以nil结尾

示例:

```
NSArray * favouriteFruits = @ [@ "apple",@ "banana",@ "pear"];
NSArray * favourite = [NSArray arrayWithObjects:@ "apple",@ "banana",nil];
```

➢ 数组的长度。属性 count 可以获取数组中对象的个数。

```
@ property(readonly) NSUInteger count
```

➢ 数组中一些常用的方法，如表4－7所示。

表4－7　NSArray 的常用方法

方　法	说　明
－(BOOL)containsObject:(ObjectType)anObject	判断数组中是否包含某个对象
－(ObjectType)objectAtIndex:(NSUInteger)index	返回指定位置上的对象，若 index 越界则报错
－(NSUInteger)indexOfObject:(ObjectType)anObject	返回指定元素在数组中首次出现的位置，无则返回 NSNotFound
－(BOOL)isEqualToArray(NSArray <ObjectType> ＊)otherArray	比较数组是否相等

➢ 数组元素的合并与字符串的拆分如表4－8所示。

表4－8　数组元素的合并与字符串的拆分

方　法	说　明
－(NSString ＊)componentsJoinedByString:(NSString ＊)separator	将数组元素合并为字符串
－(NSArray <NSString ＊> ＊)componentsSeparatedByString:(NSString ＊)separator	将字符串拆分为数组。这是 NSString 的实例方法

9. NSMutableArray

NSMutableArray 能够进行数据的动态管理，是 NSArray 的子类。表4－9列举了可变数组的一些常用方法。

表4－9　NSMutableArray 的常用方法

方　法	说　明
＋(instancetype)arrayWithCapacity:(NSUInteger)numItems	创建指定容量的数组
－(void)insertObject:(ObjectType)anObject atIndex:(NSUInteger)index	在指定位置插入元素
－(void)addObject:(ObjectType)anObject	在数组末尾添加元素
－(void)removeObjectAtIndex:(NSUInteger)index	删除指定位置的元素
－(void)replaceObjectAtIndex:(NSUInteger)index withObject:(ObjectType)anObject	替换数组中指定位置的元素

10. 数组的遍历

遍历元素的方法有很多，包括索引、快速枚举和代码块，每种方法的目的均是对数组内所有元素都访问一遍。

➢ 索引方式遍历数组。示例：

```
NSArray * favouriteFruits =[NSArray arrayWithObjects:@ "apple",
@ "banana", @ "pear", nil];
id oneObj = nil;
for (int i = 0; i < favouriteFruits.count; i + +) {
    oneObj = [favouriteFruits objectAtIndex:i];
    if (![oneObj isKindOfClass:[NSString class]]) {
        continue;
    }
    NSLog(@ "index[% i] is object[% @ ]",i, oneObj);
}
```

上述代码使用了属性 count 来控制遍历的次数，循环体内使用“objectAtIndex:”方法获取元素。当然，对于这段代码来说，也可以用 C 语言中的下标法“favouriteFruits[i]”访问数组内的元素。理论上，数组内的元素不一定都是 NSString 对象，所以我们定义了一个 id 对象 oneObj 来引用从数组内获取的元素，再通过“isKindOfClass:”方法去判断元素是否属于 NSString。

这种传统的索引方式遍历数组，效率较其他几种遍历方式低，一般只有在真正需要用索引访问数组才使用。如跳跃浏览数组、同时遍历多个数组等。

➢ 快速枚举方式遍历数组。语法：

```
for (type * object in collection) {
  statements
}
```

快速枚举允许把对象的枚举直接用作 for 循环的一部分，无须使用其他枚举器对象。它与传统的基于索引的 for 循环在逻辑上是相同的，但它使用指针运算，效率更高，语法更简洁。但是要注意快速枚举是只读的，在遍历的过程中不能修改元素值。示例：

```
for (id oneObj in favouriteFruits) {
    if ([oneObj isKindOfClass:[NSString class]]) {
      NSLog(@ "% @ ",oneObj);
    }
}
```

➢ 代码块方法遍历数组

使用 NSArray 的实例方法“ - enumerateObjectsUsingBlock:”对数组进行遍历。通过

代码块可以让循环操作并发执行，而快速枚举执行操作要线性完成。

NSArray 中“ - enumerateObjectsUsingBlock:”的声明如下：

```
- (void)enumerateObjectsUsingBlock:(void (^)(ObjectType obj,
    NSUInteger idx,BOOL * stop))block
```

示例：

```
[favouriteFruits enumerateObjectsUsingBlock:
  ^(id  obj, NSUInteger idx, BOOL * stop) {
          if ([obj isKindOfClass:[NSString class]]) {
          NSLog(@ "index[% lu] is object[% @ ]",idx, obj);
          }
          if (idx = = favouriteFruits.count -1){
              * stop = YES;
          }
    }];
```

在上述代码中，每当 NSArray 对象按照序号顺序地找到一个元素，都会带着对象指针、序号和是否停止遍历这三个参数进入 block 参数中。当需要在特定位置中断遍历时，只需添加代码“ * stop = YES;”语句即可。

11. 数组的输出

NSArray 已对根类的 description 方法进行了重写，所以可以在 NSLog 函数中用“%@”的格式控制符对数组进行整体输出。

12. 字典类型

Objective - C 中，字典是将数据以“键 - 值”对的形式存储，即在给定的关键字下存储数值。

键，即关键字。可以是任何对象类型，通常是一个 NSString 字符串。关键字在 dictionary 中是唯一的，通过关键字(key)可以查询其对应的一个或多个值(value)。

值，即对象。可以是任何类型的对象，但不可以是 nil。

与数组不同，在字典中查询数据，可以通过关键字直接获得对应的值而不需要遍历整个集合。所以字典查询速度快，适用于频繁的查询和大型的数据集。

13. NSDictionary

不可变字典，可以用字面量语法“@{key: object, ... }”创建。与数组相似，用属性 count 表示字典中记录的数目。另外，字典对象也可以用“%@”格式控制符进行输出。其他一些常用的方法主要就是创建字典和查询两种操作，如表 4 - 10 所示。

表 4 – 10　NSDictionary 的常用方法

方　法	说　明
+ (instancetype) dictionary	创建空字典
+ (instancetype) dictionaryWithObjects：(NSArray < ObjectType > *) objects forKeys：(NSArray < id < NSCopying > > *) keys	创建具有多个键 – 值对的字典
– (ObjectType) objectForKey：(KeyType) aKey	查找关键字对应的值
– (void) enumerateKeysAndObjectsUsingBlock：(void (^) (KeyType key, ObjectType obj, BOOL * stop)) block	将给定的块对象应用于字典记录

字典还提供了一些属性，可以访问字典中的键和值，如表 4 – 11 所示。

表 4 – 11　NSDictionary 访问键、值的常用属性

属　性	说　明
@ property (readonly, copy) NSArray < KeyType > * allKeys	字典中所有的键
@ property (readonly, copy) NSArray < ObjectType > * allValues	字典中所有的值

14. NSMutableDictionary

可变字典，主要增加了一些添加和删除的操作，如表 4 – 12 所示。

表 4 – 12　NSMutableDictionary 的常用方法

方　法	说　明
+ (instancetype) dictionaryWithCapacity：(NSUInteger) numItems	创建指定容量的空字典
– (void) setObject：(ObjectType) anObject forKey：(id < NSCopying >) aKey	添加{obj, key}到字典中去，若 key 已经存在，则替换该值
– (void) removeObjectForKey：(KeyType) aKey	删除键所对应的值
– (void) removeAllObjects	删除所有键 – 值

15. NSNumber 数字类型

数组和字典只能存储对象，基本类型的数据(如，int、struct 等)需要封装成对象后才可以放入其中。NSNumber 类可以将这些基本的 C 数据类型包装成对象。

NSNumber 是不可变的，没有与之对应的可变类型。如果要修改数字，须要新建一个 NSNumber 对象来保存新数字。

NSNumber 对象可以用字面量语法创建，如“NSNumber * obj = @25;”。

表 4 – 13 列举了一些常用的创建数字对象的方法，即将基本类型封装成 NSNumber

对象的方法(装箱)；而表4-14列举了一些从NSNumber对象中提取基本类型的属性(开箱)；表4-15列举了比较两个数字对象的方法。

表4-13 创建NSNumber的常用方法

+（NSNumber *）numberWithBool：（BOOL）value
+（NSNumber *）numberWithChar：（char）value
+（NSNumber *）numberWithInt：（int）value
+（NSNumber *）numberWithFloat：（float）value

表4-14 访问NSNumber对应值的常用属性

@property(readonly) BOOL boolValue
@property(readonly) char charValue
@property(readonly) int intValue
@property(readonly) float floatValue

表4-15 比较NSNumber的方法

方 法	说 明
-（BOOL）isEqualToNumber：（NSNumber *）aNumber	比较两个NSNumber对象的值是否相等
-（NSComparisonResult）compare：（NSNumber *）aNumber	比较两个NSNumber的大小

16. NSNull 空类型

在NSArray和NSDictionary中nil有特殊的含义(表示列表结束)，所以不能在集合中放入nil值。如确实需要存储一个表示“什么都没有”的值，可以使用NSNull类。这个类中只有一个方法，“+（NSNull *）null”，这个类方法返回的是一个单例对象，表示空对象。

实际应用中，如果要判断某个对象的值是否表示“什么都没有”，我们可以用"if(obj = = [NSNull null])"这样的形式。

NSLog打印NSDictionary中的成员时，“(null)”表示该关键字不存在，而“<null>”表示关键字对应的值为NSNull对象。

实验 4.1 常用结构体与字符串类型

【实验目的与要求】

(1)掌握 Foundation 中结构体类型 NSRange、NSPoint、NSSize 和 NSRect 的用法。

(2)熟练使用快捷函数创建上述几种结构体类型的变量。

(3)掌握 NSString 类和 NSMutableString 类的用法。

【实验内容与步骤】

1. 根据下面的要求编写程序，熟练掌握字符串的使用方法

(1)创建可变字符串 str1“OCLAB”与不可变字符串 str2“oclab”。

(2)输出 str1 的大小。

(3)判断 str1 与 str2 的内容是否完全相同，并输出相应的判断结果。

(4)不区分大小写重新比较 str1 与 str2，并输出比较结果。

(5)判断 str1 是否以“oc”开头，并输出判断结果。

(6)判断 str2 是否以“lab”结尾，并输出判断结果。

(7)定义一个范围{0，5}。

(8)删除 str1 中上述范围内的字符。

(9)在 str1 末尾添加以下内容：你的学号、姓名、邮箱并输出。如，“我的学号是 099，我叫小红，我的邮箱是 xh@ sise. com. cn”。

(10)查找并删除 str1 中“我的学号是”“我叫”“我的邮箱是”这些内容。删除结果仅显示学号、姓名和邮箱的具体值。如“099，小红，xh@ sise. com. cn”。

程序运行效果如图 4 -4 所示。

```
OCLAB的长度是：5
OCLAB与oclab不相同
不区分大小写的情况下，OCLAB与oclab相同
OCLAB不以oc开头
oclab以lab结尾
我的学号是099,我叫小红，我的邮箱是xh@sise.com.cn
099,小红，xh@sise.com.cn
```

图 4 -4　字符串程序运行效果

2. 函数的功能及其应用

在 Foundation 文档中查找下面几个函数的功能及用法。这些方法有可能应用于接下来的几个实验内容。

```
NSString * NSStringFromRange ( NSRange range );
NSString * NSStringFromPoint ( NSPoint aPoint );
```

```
NSString * NSStringFromRect ( NSRect aRect );
BOOL NSEqualPoints ( NSPoint aPoint, NSPoint bPoint );
BOOL NSEqualRects ( NSRect aRect, NSRect bRect );
BOOL NSPointInRect ( NSPoint aPoint, NSRect aRect );
```

3. NSRange 的使用方法

根据下面的要求编写程序，熟练掌握 NSRange 的使用方法。程序运行效果如图 4 - 5 所示。

(1)定义一个可变字符串 aString，其内容为“NSRange: A structure used to describe a portion of a series - such as objects in an NSArray object. ”。

(2)定义一个范围 r1 {67, 26}。

(3)删除 aString 中 r1 范围内的字符，并输出删除后的 aString。

(4)在 aString 中查找字符串“NSRange”的范围，并输出。

(5)在 aString 中查找字符串“hello”的范围，若没有找到则输出相应提示。

```
2016-08-09 13:41:04.453 4[808:102985] NSRange:A structure used to describe a
portion of a series-such as objects in an NSArray object.
2016-08-09 13:41:04.454 4[808:102985] NSRange在NSRange:A structure used to
describe a portion of a series-such as objects in an NSArray object.的范围是{0, 7}
2016-08-09 13:41:04.454 4[808:102985] NSRange:A structure used to describe a
portion of a series-such as objects in an NSArray object.中没有发现hello
```

图 4 - 5　NSRange 程序运行效果

4. NSPoint 的使用方法

根据下面的要求编写程序，熟练掌握 NSPoint 的使用方法。

(1)定义两个点 point1(10, 20)和 point2(30, 40)。

(2)判断这两个点是否相同，并输出结果。

程序运行效果如图 4 - 6 所示。

```
{10, 20} != {30, 40}
```

图 4 - 6　NSPoint 程序运行效果

5. NSRect 的使用方法

根据下面的要求编写程序，熟练掌握 NSRect 的使用方法。

(1)定义一个 NSSize 变型的变量 size，长和宽均为 100。

(2)定义一个位于(15, 15)，长和宽均为 100 的矩形 rect1。

(3)判断 point1 是否在 rect1 中，并输出结果。

(4)用 point1 和 size 定义矩形 rect2。

(5)判断 point2 是否在 rect2 中，并输出结果。

(6)判断 rect1 和 rect2 是否相同，并输出结果。

程序运行效果如图 4 - 7 所示。

```
点{10, 20}不在矩形{{15, 15}, {100, 100}}内
点{30, 40}在矩形{{10, 20}, {100, 100}}内
{{15, 15}, {100, 100}} != {{10, 20}, {100, 100}}
```

图 4 - 7　NSRect 程序运行效果

实验4.2 数组类型

【实验目的与要求】

(1)熟练掌握NSArray类和NSMutableArray类的用法。

(2)了解数组的几种遍历方式，能够针对实际情况做出恰当的选择。

(3)熟练掌握数组的快速枚举遍历法。

【实验内容与步骤】

1. 利用NSArray类的常用API，编写程序完成下面要求

(1)创建一个名为favouriteFruits的数组对象用以存放主人喜欢的水果名称。该数组中含有三个表示水果名称的元素，分别为apple、banana、pear。

(2)输出该数组，查看控制台中的输出效果。

(3)输出该数组的长度。

(4)输出数组中的第二个元素。

(5)显示apple在数组中的位置。

(6)根据数组中的内容判断主人是否喜欢吃cherry。

(7)根据数组中的内容判断主人是否喜欢吃grape。(注意：(5)、(6)请用不同的实例方法)

(8)显示数组中的尾元素。

(9)将数组内的元素用逗号连接成一个字符串favouriteList并输出。

(10)创建一个名为dislikeList的字符串，表示主人不喜欢吃的水果名称，字符串内容为cherry～grape～strawberry。

(11)将字符串dislikeList中的水果名用"～"分隔成含有3个元素的数组dislikeFruits。

(12)用快速枚举的方法输出数组dislikeFruits中主人不喜欢的水果。

程序运行效果如图4－8所示。

```
数组中元素的个数: 3
数组中第二个元素: banana
apple在数组中的位置: 0
我不喜欢樱桃
我不喜欢葡萄
数组中尾元素: pear
我喜欢的水果有: apple, banana, pear
我不喜欢的水果有:
cherry
grape
strawberry
```

图4－8 NSArray程序运行效果

2. 利用 NSMutableArray 类的常用 API，编写程序完成下面要求

(1)创建一个名为 favouriteFruits 的数组对象用以存放主人喜欢的水果名称。该数组中含有三个表示水果名称的元素，分别为 apple、banana、pear。

(2)在数组中添加主人喜欢的水果名樱桃 cherry。

(3)删除数组内的第二个元素。

(4)分别通过索引的方式和用代码块方式遍历输出数组中主人喜欢的水果。

程序运行效果如图 4-9 所示。

```
数组中元素的个数: 4
删除原2号元素后:
索引遍历0号位置的元素: apple
索引遍历1号位置的元素: banana
索引遍历2号位置的元素: cherry
apple
banana
cherry
```

图 4-9　NSMutableArray 程序运行效果

实验 4.3　字典与数字类型

【实验目的与要求】

(1)理解字典的含义。

(2)熟练掌握 NSDictionary 类和 NSMutableDictionary 类的用法。

(3)会用快速枚举和代码块的方式遍历字典。

(4)掌握 NSNumber 类的用法。

【实验内容与步骤】

1. 创建项目

利用实验 3.3 已完成的几组类文件 Engine、Tire、Slant6、AllWeatherRadial 和 Car 创建项目。在 main 函数中输入下面的代码，然后利用 NSMutableDictionary 类的常用 API 完成下面要求。

```
Car * mycar[4];
for(int i =0; i <4; i + +)
{
    mycar[i] =[Car new];
}

Engine * engine =[Engine new];
[mycar[0] setEngine:engine];
for(int i =0; i <4; i + +)
{
    Tire * tire =[Tire new];
    [mycar[0] setTire:tire AtIndex:i];
}

engine =[Slant6 new];
[mycar[1] setEngine:engine];
for(int i =0; i <4; i + +)
{
    Tire * tire =[Tire new];
    [mycar[1] setTire:tire AtIndex:i];
}

engine =[Engine new];
```

```
[mycar[2] setEngine:engine];
for(int i =0; i <4; i + +)
{
    Tire * tire =[AllWeatherRadial new];
    [mycar[2] setTire:tire AtIndex:i];
}

engine =[Slant6 new];
[mycar[3] setEngine:engine];
for(int i =0; i <4; i + +)
{
    Tire * tire =[AllWeatherRadial new];
    [mycar[3] setTire:tire AtIndex:i];
}
```

现有汽车信息如图 4 - 10 所示。

```
现有汽车信息:
Engine,Tire,Tire,Tire,Tire
Slant6,Tire,Tire,Tire,Tire
Engine,AllWeatherRadial,AllWeatherRadial,AllWeatherRadial,AllWeatherRadial
Slant6,AllWeatherRadial,AllWeatherRadial,AllWeatherRadial,AllWeatherRadial
```

图 4 - 10　现有汽车信息

(1)创建一个名为 carList 的字典用以存放 4S 店的供货清单。该清单中含有三条记录，每条记录的关键字及值如表 4 - 16 所示。

表 4 - 16　供货清单

关键字(客人名称)	值(汽车)
Bruce	mycar[0]
Linda	mycar[1]
Rose	mycar[2]

(2)输出供货清单中汽车的数量，并用快速枚举的方法输出供货清单上的所有记录。

(3)在字典中添加新的供货记录，关键字及值分别为 Diana、mycar[3]。

(4)在供货清单中删除 Bruce 的供货记录。

(5)查找 Leo 是否在供货记录中，并输出查找结果。

(6)用代码块的方式输出供货清单上的所有记录。

```
本次提供3辆车
供货单中的全部信息如下:
Bruce: Engine,Tire,Tire,Tire,Tire
Linda: Slant6,Tire,Tire,Tire,Tire
Rose: Engine,AllWeatherRadial,AllWeatherRadial,AllWeatherRadial,AllWeatherRadial
Leo不在此供货单上
供货单中的全部信息如下:
Rose: Engine,AllWeatherRadial,AllWeatherRadial,AllWeatherRadial,AllWeatherRadial
Linda: Slant6,Tire,Tire,Tire,Tire
Diana: Slant6,AllWeatherRadial,AllWeatherRadial,AllWeatherRadial,AllWeatherRadial
```

图 4 - 11　程序运行效果

2. 编写程序

利用 NSMutableDictionary 类及 NSNumber 类的常用 API 完成下面要求。

(1)创建一个空的名为 list 的字典对象用以存放每个人的姓名和年龄，其中姓名为键，年龄为值。

(2)将以下 4 个人的信息存入 list 中：Linda 42 岁，Rose 25 岁，Leo 12 岁，Diana 32 岁。

(3)用快速枚举的方式输出所有记录信息。

(4)在 list 中查找并输出 Rose 的年龄。

实验4.4 使用Foundation中的基础类编写程序实现班级管理

【实验目的与要求】

(1)进一步熟悉字符串、数组、字典和数值类型的用法。

(2)能够熟练使用字面量语法创建字符串、数组、字典和数字对象。

(3)能够根据实际情况选择恰当的数据类型解决实际问题。

【实验内容与步骤】

1. 设计学生类接口

每个学生要描述姓名和联系方式等信息。对外提供名字与联系方式的读写功能，能够查询是否存在某种联系方式，能够以“姓名：××× 联系方式：×××”的形式输出每个学生的信息。

根据上述要求，分析如下：

(1)设计NSString类型的实例变量name表示姓名。因联系方式可能有很多种，比如QQ、TEL、Email等，所以设计NSMutableDictionary类型的实例变量contacts表示方式。

(2)为name设计存取方法。

(3)为contacts设计读取方法。

(4)根据实际情况分析，设计方法“addContact：forTag：”可以添加一条联系方式。

(5)设计方法“contactForTag：”，可以根据提供的联系方式查找具体信息。

(6)设计方法“containTag：”，可以确定是否已添加某种联系方式。

```
@ interface Student : NSObject{
    NSString * _name;
    NSMutableDictionary * _contacts;
}
- (void)setName:(NSString * )name;
- (NSString * )name;
- (void)addContact:(id)contact forTag:(NSString * )tag;
- (id)contactForTag:(NSString * )tag;
- (NSMutableDictionary * )contacts;
- (BOOL)containTag:(NSString * )tag;
@ end
```

2. 实现学生类

部分方法的实现分析及代码如下：

(1)在init方法中为contacts分配内存。

```
- (instancetype)init
{
    self = [super init];
    if (self) {
        _contacts = [NSMutableDictionary dictionary];
    }
    return self;
}
```

(2)重写 description 方法以满足控制台中个性化的输出形式。

```
- (NSString * )description{
    return [NSString stringWithFormat:@ "% @ \ n% @ ", _name,
    _contacts];
}
```

(3)name 的存取方法。注意：init 方法中并没有为 name 分配内存空间，所以要在 setName 中为其分配内存。

```
- (void)setName:(NSString * )newName{
    _name = [NSString stringWithString:newName];
}
```

(4)用方法"addContact: forTag:"添加一条联系方式。可以利用字典的"setObject: contact forKey:"方法实现。

```
- (void)addContact:(id)contact forTag:(NSString * )tag{
    [_contacts setObject:contact forKey:tag];
}
```

(5)用方法"contactForTag:"查找一条联系方式。可以利用字典的"objectForKey:"方法实现。

```
- (id)contactForTag:(NSString * )tag
{
    return [_contacts objectForKey:tag];
}
```

(6)用方法"containTag:"确定是否已添加某种联系方式。可以先获取所有键，再利用数组的"containsObject:"在其中查找是否包含某键。

```
- (BOOL)containTag:(NSString * )aTag
{
    return [_contacts.allKeys containsObject:aTag];
}
```

3. 设计班级类接口

班级要描述总人数和全体学生信息等。对外提供读取人数和全体学生信息的功能，能够实现插班生的操作，班级人数要实时更新。

根据上述要求，分析如下：

(1)设计 NSInteger 类型的实例变量 count 表示人数；设计 NSMutableArray 类型的实例变量 studentArray 表示全体学生。

(2)为 count 设计读取方法。

(3)为 studentArray 设计读取方法。

(4)根据实际情况分析，设计方法“addStudent:”以添加学生。

```
@ class Student;
@ interface Classes : NSObject{
    NSInteger _count;
    NSMutableArray * _studentArray;
}
- (NSInteger)count;
- (NSMutableArray * )studentArray;
- (void)addStudent:(Student * )aStudent;
@ end
```

4. 班级类部分方法的实现

分析及代码如下：

(1)在 init 方法中为 studentArray 分配内存，并初始化 count。

```
{
    self = [super init];
    if (self) {
        _count = _studentArray.count;
        _studentArray = [NSMutableArray array];
    }
    return self;
}
```

(2)用方法“addStudent:”添加一个学生。可以利用数组的“addObject:”方法实现。注意，count 应随着 studentArray 的改变实时更新。

```
- (void)addStudent:(Student * )aStudent
{
    [_studentArray addObject:aStudent];
    _count = _studentArray.count;
}
```

5. 测试学生类

(1)创建一个学生对象，设置学生姓名，添加几条联系方式。

(2)添加一条值为空的联系方式。
(3)输出学生信息。
(4)查找某联系方式是否为空。
(5)查找某联系方式是否存在。
测试效果如图 4 – 12 所示。

```
2016-08-11 21:18:03.661 4[783:69747] 姓名：小红，联系方式：{
    Email = "xh@sise.com.cn";
    QQ = "<null>";
    Tel = 13123456789;
}
2016-08-11 21:18:03.662 4[783:69747] 未记录QQ号码
2016-08-11 21:18:03.662 4[783:69747] 无传真
```

图 4 – 12　学生类测试效果

6. 测试班级类

(1)创建一个班级。
(2)向班级添加几个学生。
(3)输出班级人数。
(4)遍历班级所有学生。
测试效果如图 4 – 13 所示。

```
2016-08-11 21:18:03.663 4[783:69747] 班级人数：4
2016-08-11 21:18:03.663 4[783:69747] 小红
{
    Email = "xh@sise.com.cn";
    Tel = 13123456789;
}
2016-08-11 21:18:03.663 4[783:69747] 王强
{
    Email = "8934344@qq.com";
    QQ = 8934344;
}
2016-08-11 21:18:03.663 4[783:69747] 李刚
{
    Email = "3434378@qq.com";
    Tel = 13823245668;
}
```

图 4 – 13　班级类测试效果

7. 扩展

(1)若某学生有两个 QQ 号码，如何添加其联系方式？
(2)为学生类添加删除联系方式的功能。
(3)为班级类添加删除学生的功能。

练　习

1. 修改实验 3.1 的图形绘制程序，用 NSRect 替代 ShapeRect 类型。

2. 编写程序，创建一个 int 型的数字对象并初始化为“97”，创建一个 char 型的数字对象并初始化为“a”，输出这两个数字对象的值。

3. NSNumber 类的 stringValue 方法有什么功能？如何使用？在第 2 题中进行验证。

4. 编写程序，用字面量语法创建一个不可变字符串 str1，内容为“2016SummerOlympics”；创建一个空的可变字符串 str2，在 str2 的后面追加 str1。比较并输出这两个字符串是否相同？可否用 str1 == str2 来判断？为什么？

5. 编写程序，创建字符串 str1，内容为“99 miles”；创建字符串 str2，内容为“100 miles”。对这两个字符串忽略大小写并按字符个数进行排序，输出比较结果。

6. 定义一个字符串存放好友列表，内容为“James BethLynn Jack Evan”。从列表中删除好友 Jack，输出完成删除操作之后的好友列表。

7. 阅读下面的代码，编写程序查找你的 Mac 电脑中的 ppt 文件并打印其路径。

```
NSFiLeManager * manager =[NSFiLeManager defauLtManager];
//创建一个文件管理器对象
NSString * home =[@ "~" stringByExpandingTiLdeInPath];
//获取当前用户的主目录
NSMutabLeArray * fiLes =[NSMutabLeArray arrayWithCapacity:42];
//fiLes 存放查找的路径
for (NSString * fiLename in [manager enumeratorAtPath:home]){
    if ([[fiLename pathExtension]isEquaLTo:@ "jpg"]){
        [fiLes addObject:fiLename];
    }
}//获取主目录中每个文件的路径,并将扩展名为 jpg 的文件路径添加到 fiLes 数组中
for (NSString * fiLename in fiLes){
    NSLong(@ "% @ ",filename);
}
```

8. 图 4－14 为广州地铁 1 号线的路线示意图。1997 年 6 月 28 日，西朗—黄沙区间的 5 站试运营。1999 年 2 月 16 日，黄沙站至广州东站 11 个车站投入服务，全线通车并作观光运营。编写程序，创建数组 GuangzhouMetroLine1 存放首次开通的站点，将首次开通的站点以“－”连接转换为字符串后输出。将后续开通的站点加入 GuangzhouMetroLine1，用快速枚举的方式遍历全部站点，并输出站点编号。用代码块的

方法输出黄沙至公园前站须经过几个站点以及每个站点的名称。程序运行效果如图 4－15 所示。

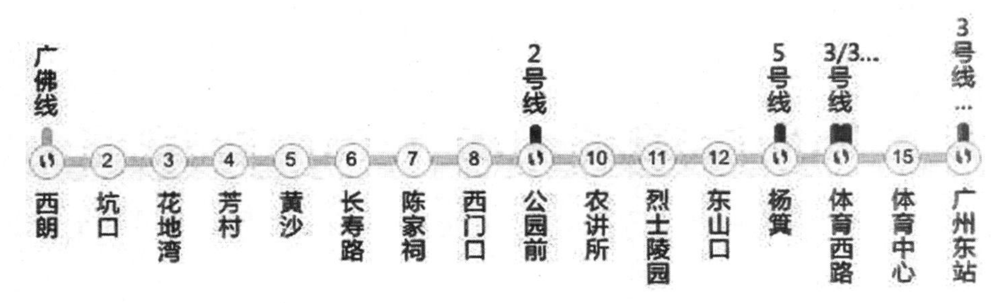

图 4－14　广州地铁 1 号线路线

```
首次开通站点：西朗—坑口—花地湾—芳村—黄沙
全线贯通的站点：
1:西朗
2:坑口
3:花地湾
4:芳村
5:黄沙
6:长寿路
7:陈家祠
8:西门口
9:公园前
10:农讲所
11:烈士陵园
12:东山口
13:杨箕
14:体育西路
15:体育中心
16:广州东站
从黄沙站出发到公园前站须要经过3站，分别是：
长寿路
陈家祠
西门口
```

图 4－15　程序运行效果

9. 修改实验 2.2 中的分数类 Fraction，用 description 方法替代 print 方法。编写程序，创建字符串，内容为“Getting Excited for the Rio Summer Olympics”。将该字符串以空格为分隔符拆分为数组并输出该数组。创建一个可变数组，用 for 循环的方式在这个可变数组中先添加 5 个分数，分数的分子和分母随机生成，分子小于 7，分母介于 7 至 17 之间。将之前由字符串拆分得到的数组元素追加至这个可变数组中。使用“%@”输出这个可变数组，以快速枚举的方式遍历可变数组中的所有字符串，以代码块的方式遍历可变数组中的所有分数。

10. 数组与字典的嵌套。创建一个数组 flowerData 用于存放花朵信息，flowerData[0]存放5种红色花朵信息，flowerData[1]存放3种蓝色花朵信息。每个花朵须要存放花朵名称、图片名称和URL三种信息。本程序中需要的红色花朵信息如图4-16所示，蓝色花朵信息如图4-17所示。存入花朵信息时，注意观察并利用每种花朵的名称、图片名称和URL之间的特点编写程序。用快速枚举的方式输出蓝色花朵的URL信息。用代码块的方式输出前3种红色花朵的全部信息。

name	picture	url
Poppy	Poppy.png	http://en.wikipedia.org/wiki/Poppy
Tulip	Tulip.png	http://en.wikipedia.org/wiki/Tulip
Gerbera	Gerbera.png	http://en.wikipedia.org/wiki/Gerbera
Peony	Peony.png	http://en.wikipedia.org/wiki/Peony
Rose	Rose.png	http://en.wikipedia.org/wiki/Rose

图4-16 红色花朵信息

name	picture	url
Grape Hyacinth	Grape Hyacinth.png	http://en.wikipedia.org/wiki/Grape_hyacinth
Phlox	Phlox.png	http://en.wikipedia.org/wiki/Phlox
Iris	Iris.png	http://en.wikipedia.org/wiki/Iris_(plant)

图4-17 蓝色花朵信息

11. 设计一个有序数组。要求用户输入一个整数到数组后，还保证这个数组是有序的。例如原数组为“@[@1, @3, @5, @7, @9]”，插入8之后为“@[@1, @3, @5, @7, @8, @9]”。

5 内存管理、对象初始化及属性

Cocoa 定义了一些内存管理的基本规则，这有助于确定从何时起不再需要某个对象。第一，谁创建的对象，谁就拥有其所有权，谁就要对此对象负责到底，即合理释放。第二，若使用非己创建的对象，先要对其进行持有，使用完后再对其释放。

对象的创建包括对象分配和初始化两步。缺少其中任何一个步骤，对象通常就不可用。

属性提供了便捷的设置和获取实例变量的方式。使用存取方法访问实例变量，在数据量大的时候并不适用，因为需要手写许多重复的 setter 和 getter 代码，这时可以利用属性机制自动生成 getter 和 setter 方法。

本实验主要围绕内存管理的基本规则、自动释放池、对象初始化、属性等知识点展开练习。

【实验目的】

(1)理解自动释放池的工作原理。

(2)深刻理解内存管理规则。

(3)理解 Objective - C 中的对象初始化机制。

(4)熟练掌握 Objective - C 中属性的基本用法。

【重点】

(1)掌握引用计数的概念和内存管理规则。

(2)熟练掌握指定初始化函数的编写规范。

(3)掌握便利构造器的创建及使用方法。

【难点】

掌握 ARC 模式下，属性的 setter 语义设置原则。

【相关知识点】

1. Objective - C 的内存管理目标

Objective - C 的内存管理针对的是任何继承自 NSObject 的对象，对其他的基本数据类型无效。

对象和其他数据类型在系统中的存储空间是不一样的，局部变量主要存放于栈中，由编译器自动分配释放；而对象存储于堆中，一般由程序员分配释放。当代码块结束时，代码块中涉及的所有局部变量会被回收，指向对象的指针也被回收，此时对象已经没有指针指向，但若依然在内存中存在，就会造成内存泄漏。

内存管理既要释放不再使用的内存，防止内存泄漏，但同时又不能释放或者覆盖还在使用的内存，以免引起程序崩溃。

2. alloc 方法

创建对象需要为对象分配内存和初始化对象两步操作来完成。

创建新对象有两种方法："[类名 new]"和"[[类名 alloc] init]"。这两种方法等价，Cocoa 惯例是使用 alloc + init 的方法。

为了给对象分配内存，须要向对象所属的类发送 alloc 消息。alloc 主要完成的工作如下：

(1)分配内存。

(2)将对象的引用计数设置为 1。

(3)使对象的 isa 实例变量指向对象所属的类。

(4)将其他实例变量初始化为 0(或与 0 等价的值，如 nil、NO、0.0 等)。

Objective - C 的对象生成于堆之上。生成之后，需要一个指针来指向它。例如：

```
Car * mycar = [[Car alloc] init]
```

这里的 alloc 负责分配内存。

3. dealloc 方法

Objective - C 的对象在使用完成之后，系统会自动向对象发送一条 dealloc 消息。

dealloc 就像是对象的"临终遗言"，做一些清理或提示性的工作，并释放自己所占用的资源。

dealloc 方法要确保当前对象的实例变量以及动态分配的内存都被释放。

一般程序员会重写 dealloc 方法。手动引用计数(MRC)模式下，一旦重写了 dealloc 方法就必须在代码块的最后调用"super dealloc"。

一旦对象被回收了，那么它所占据的存储空间就不再可用，否则会导致程序崩溃。

注意：永远不能手动调用 dealloc 方法。

4. 内存管理会遇到的几个概念

➢ 内存泄漏：对象没有释放。

➢ 提前释放：释放了还需要使用的对象。要确保这个对象没人再用了，都访问完毕了，避免提前释放。

➢ 重复释放：同一个空间被释放多次。要确定哪些指针指向了同一个对象，这些指针只能释放一个，避免重复释放。

➢ 僵尸对象：系统回收对象时，并不会立即销毁，此时的对象称为僵尸对象。编码中不可以访问僵尸对象。

➢ 野指针：指向僵尸对象(不可用内存)的指针叫作野指针，给野指针发送消息有时会报错(EXC_BAD_ACCESS)，即访问了一块坏地址。

➢ 空指针：当指针所指向的地址为 0 时(指针对象 = nil，赋值为空指针)是空指针，给空指针发送消息不会报错。

5. 内存管理模型

➢ MRR(Manual Retain Release，手动保持释放)也称为 MRC(Mannul Reference Counting，手动引用计数)，由程序员负责管理对象的生命周期，负责对象的创建和销毁。

➢ ARC(Automatic Reference Counting，自动引用计数)。系统会依照程序员的要求自动改变引用计数器的值(Xcode6 开始默认使用 ARC)。苹果公司推荐的方式。

➢ GC(Garbage Collection，垃圾回收)。自动内存管理机制，系统能够自动识别哪些对象在使用，哪些对象可以回收。iOS 开发不支持。

6. 引用计数(Reference counting)

每个对象的内部专门有一块内存空间来存储一个整数，表示“对象被引用的次数”，这个整数叫作“引用计数器”。

表 5－1 列举了与引用计数相关的几个方法，其中的 oneway 是 Objective－C 中提供的一种返回值修饰符，以表示该方法是用于异步消息的。

表 5－1　与引用计数相关的方法

方　法	说　明
－(NSUInteger)retainCount	获取对象的引用计数值
－(instancetype)retain	增加引用计数值
－(oneway void)release	减少引用计数值

引用计数的作用：使用以 alloc、new、copy 或者 mutableCopy 开头的方法创建一个新对象时，该对象的引用计数为 1；每当有其他对象或代码使用当前对象时，该对象的引用计数器加 1；不再使用这个对象时，计数器减 1；计数器等于 0 时，系统自动调用 dealloc 销毁该对象，回收内存。

7. 对象所有权

当一个对象(暂时称之为 a)创建了一个对象 b，或保留(retain)了一个对象 b 时，a 就拥有了 b 的所有权(ownership)。

这里，从类的声明形式看，对象 a 具有一个对象类型的实例变量 b。

一个对象可以有多个所有者，一个所有者也可以拥有多个对象。

release 后的对象虽然已经释放，但是它的指针地址仍然存在，只是指向了一块无权再访问的内存。所以无论从安全释放的角度还是编码习惯上，都建议在 release 后直接赋值 nil 来置空。同时，为避免重复释放，我们可以在 release 之前先进行判断，即：

```
if (obj){
    [obj release];
    obj = nil;
}
```

8. MRC 中的 setter 方法

一般情况下，若类 A 中有一个 B * 类型的实例变量“_objB”时，那么“_objB”的 setter 方法中，应先保留新对象“[newObjB retain]”，再释放旧对象“[_objB release]”，最后赋值“_objB = newObjB”。

另外，因为在类内部使用了 retain，那么就需要在 dealloc 方法中释放这个对象类型的实例变量，且要在方法最后调用“[super dealloc]”。

```
//  A.h
#import <Foundation/Foundation.h>
@class B;
@interface A : NSObject{
    B * _objB;
}
- (void)setObjB:(B* )newObjB;
- (B* )objB;
@end

//  A.m
- (void)setObjB:(B* )newObjB
{
    [newObjB retain];
    [_objB release];
    _objB = newObjB;
}
- (B* )objB
{
    return _objB;
}
- (void)dealloc
{
    [_objB setObjB:nil];
//不仅可以释放 objB,还可以置空.防止误操作出错
    [super dealloc];
}
@end
```

9. 自动释放池(NSAutoreleasePool)

自动释放池可以帮助追踪需要延迟一些时间释放的对象。例如，在一个方法中用 alloc 创建了一个对象，然后将其作为方法的调用结果返回。这个作为返回值的对象就需要延迟释放。

自动释放池内部包含一个数组 NSMutableArray，用来保存需要延迟释放的对象。

NSObject 类提供了一个 autorelease 消息，向一个对象发送 autorelease 消息时，这个

对象就被放入到自动释放池中。Foundation 中的类，除使用 new、alloc、copy 或 mutableCopy 方法以外的其他工厂方法创建的对象，其本身已被加入自动释放池中。可以理解为，在这些工厂方法内部隐藏着 autorelease 动作。例如，用"stringWithFormat:"创建的字符串就不必再调用 autorelease。

自动释放池的创建有两种方法，通过"@ autoreleasepool"关键字(ARC 仅支持这种方法)和通过 autoreleasepool 对象(iOS5 以前的做法)。推荐使用"@ autoreleasepool{}"方法。

@ autoreleasepool 关键字示例：

```
@ autoreleasepool{
    ClassA * obj = [[ClassA alloc]init];
    [obj autorelease];
}
```

autoreleasepool 对象示例：

```
NSAutoreleasePool * pool = [NSAutoreleasePool new];
ClassA * obj = [[ClassA alloc]init];
[obj autorelease];
[pool release];
```

自动释放池内的对象是延迟释放的，对象接收到 autorelease 消息时，它的引用计数值不会减少，只有当池被清空或池被释放的时候才会向池中所有的对象发送 release 消息，清理其中的对象，此时对象的引用计数值才会减少。

在 ios 程序运行过程中会创建无数个池子，这些池子都是以栈结构(后进先出)存在的。当一个对象调用 autorelease 时，会将这个对象放到位于栈顶的释放池中。

10. 自动释放池使用规范

一般情况下，在一个函数中创建并返回对象，需要把这个对象设置为 autorelease。

```
ClassA * func()
{
    ClassA * obj = [[[ClassA alloc]init]autorelease];
    return obj;
}
```

一般情况下，自定义类中须要设计一个同名的类方法用来让外界调用这个类方法以快速创建对象。而这个对象在方法中应该已经被 autorelease 过了。这样，我们只要在自动释放池中调用类方法来创建对象，那么创建的对象就会被自动地加入到自动释放池中。

11. 内存管理规则(MRC 内存管理规则)

"谁创建，谁释放"。通过由 new、alloc、copy 或 mutableCopy 为前缀的方法创建的对象不会被自动释放，需要主动向该对象发送一条 release 或 autorelease 消息，以释放该对象。

通过其他方法获得的对象，已经被设置为自动释放，不须要再向其发送 release 或 autorelease 消息。

"谁 retain，谁 release"。如果 retain 了某个对象，无论其是如何生成的，都须要向其发送 release 或 autorelease 消息。必须保持 retain 和 release 的使用次数匹配。

注意，全局单例对象(singleton)每个须要访问它的程序都可以共享单一对象，不用显式地释放该对象。

Foundation 框架中的一些方法可能会自动修改对象的引用计数，此时程序员无须再进行 retain 或 release 的操作。例如，NSMutableArray 的"addObject:"方法，被添加到数组的对象会自动增加对象的引用计数；"removeObjectAtIndex:"方法，从数组中删除的对象会自动减少对象的引用计数；"replaceObjectAtIndex: withObject:"方法可以用新对象替代指定位置的对象，自动保留新对象并释放原有对象。

12. ARC

ARC 与 MRR 一样采用内存引用计数管理方法，它在编码编译时会在合适的位置插入对象内存释放(retain、release、autorelease 等)，程序员不用关心对象释放问题。苹果公司推荐使用 ARC，新项目默认是 ARC 的，但 iOS5 之前的系统不支持。

ARC 引用计数没有消失，只是变成自动而已。

ARC 废弃了显式的 retain、release 和 autorelease 消息，编译时会为代码相应自动加上 retain、release 或 autorelease 语句。

ARC 可以避免手工引用计数的一些潜在陷阱。系统会自动检测何时须要保持对象，何时须要自动释放对象，何时须要释放对象，以进行内存管理。

ARC 在很大程度上消除了手动内存管理的负担，同时省去了追查内存泄漏和过度释放对象引起的烦琐操作。尽管 ARC 非常吸引人，但是不会让你完全忽略内存管理。

13. 垃圾回收

系统能够自动识别哪些对象在使用，哪些对象可以回收。程序运行时，当系统检测到内存到达低位时，就开始自动清理内存。

垃圾回收是一个计算密集的过程：系统要追踪所有的对象和引用、检测对象是否正在使用(被引用)，这可能会引起应用程序的中断。所以不推荐使用内存的垃圾回收特性。

iOS 开发不支持。

14. 内存泄漏检测工具

Analyze，静态分析工具。可以在代码编译阶段对整个项目的内存进行分析，执行速度快，操作容易。

Instruments，动态分析工具。程序运行阶段确认是否有内存泄漏，分析速度较慢。

可以综合使用这两个工具查找泄漏点。先使用 Analyze 分析查找可疑的泄漏点，再利用 Instruments 动态分析中的 Leaks 和 Allocations 跟踪模板进行动态跟踪分析，确认泄漏点。

15. 对象的初始化

初始化过程是将对象的实例变量设置为合理而有用的初始值，还可以分配和准备对象需要的其他全局资源，并在必要时加载诸如文件这样的资源。

在对象的整个生命周期里只使用一次。

初始化方法命名规范：以 init 开头。

一个类可以有多个初始化方法，有若干个参数，遵循多参数方法规则。通常在第一个和重要参数之前使用"WithType:"或"FromSource:"名称。

init 方法一般都会返回其正在初始化的对象，返回值只能是 id 或 instancetype 或本类对象。

创建对象时，应该嵌套调用 alloc 和 init 方法。

16. 指定初始化方法

通常将参数最多且执行最多初始化工作的初始化方法称为指定初始化方法。

每个类中指定初始化方法只有一个。

对于该类的子类，需要重写或者直接使用父类的指定初始化方法。

指定初始化方法的规范写法：

```
- (instancetype)init
{
    self = [super init];
    if (self) {
        /* 实例变量的初始化或创建、资源加载 */
    }
    return self;
}
```


该类的所有其他初始化函数须要调用指定初始化函数来实现相应的初始化操作。

其他初始化方法的规范写法：

```
- (id)init
{
    if (!(self = [self initWithXXX])){
        return nil;
    }
    return self;
}
```


17. 类工厂方法(便利构造器)

有一些类方法把内存分配过程(alloc)和初始化过程(init)组合起来，返回被创建的对象，并进行自动释放处理。我们把这些方法称为便利构造器。便利构造器是一种快速创建对象的方式，本质上是封装了初始化方法，方便外界使用。

命名规范：

```
+ (type)className...
```

18. 属性

➢ 作用：编译器自动生成属性的 setter 和 getter 方法，并创建与属性名相同但以下画线开头的实例变量。

➢ 声明位置：通常在头文件的类声明之后用“@ property”指令标识属性。属性是要对外部调用者开放的。

➢ 声明格式：

```
@ property (参数) 类型 属性名;
```

➢ 使用：使用点表达式(对象．属性名)的形式替代调用存储器方法的消息表达式。

点表达式出现在赋值号“＝”左侧时，自动调用该属性名的 setter 方法；点表达式出现在赋值号右侧时，自动调用该属性名的 getter 方法。

若不想使用编译器自动生成实例变量名，可以在类的实现文件中使用关键字“@ synthesize”指定实例变量的名称。第一种格式“@ synthesize 属性名称；”生成的实例变量名与属性名相同，即实例变量名无下画线。第二种格式“@ synthesize 属性名称＝实例变量名称”生成指定的实例变量名。

声明了属性以后，如果不希望编译器自动生成存取方法，也不要生成相应的实例变量，那么可以在“@ implementation”部分使用“@ dynamic 属性名;”的形式告知编译器。

19. 属性的参数

多个属性参数以逗号分隔，各参数说明如表 5－2 所示。

表 5－2 属性的参数

参数类别	参 数	说 明
可写性	readwrite	生成 getter、setter 方法。默认值
	readonly	只生成 getter 方法
setter 语义	assign	直接赋值。默认值
		基本类型和本类不直接拥有的对象适用
		ARC 下的 weak 表示属性同目标对象是弱(没有所属)关系
	retain	先 release 原值，再 retain 新值
		大部分 Objective－C 对象适用
		ARC 下用 strong 代替
	copy	先 release 原值，再 copy 新值
		对象必须实现 NSCopying 协议，多用于 NSString
原子性	atomic	对属性加锁，多线程下安全。默认值
	nonatomic	对属性不加锁，多线程下不安全，但速度快
方法名	getter = getterName	指定 getter 方法的名称为 getterName
	setter = setterName	指定 setter 方法的名称为 setterName

注意，ARC 环境下属性不能再使用 retain，这时 strong 相当于 retain，weak 相当于 assign。当其指向的内存被释放的时候，这个指针自动变为 nil。可以防止出现野指针。

ARC 环境下，强弱引用的一般规律：核心原则就是一个归属权的问题。通常，类“内部”的属性设置为strong，类“外部”的属性设置为weak。即拥有其他对象的对象设置为强引用，其他对象可能是弱引用。一般来说，IBOutlet 可以为 weak，NSString 为 copy，类的 delegate 一般为 weak。

20. 属性的限制

➢ 使用 ARC 时，若属性为对象类型，则属性名不能以 new、alloc、copy、mutableCopy、init 开头。

➢ 使用 ARC 时，若属性为对象类型，属性不能只有一个 read - only 而没有内存管理特性。若开启了 ARC 功能，则必须指定由谁来管理内存。

➢ 只能用在简单的成员变量读取方法，当设置参数为 2 个以上，或存取方法中需要其他运算时，必须使用手工编写的方法。

实验5.1 引用计数与自动释放池

【实验目的与要求】

(1)熟练掌握引用计数的概念。

(2)理解僵尸对象和野指针的概念，认识向野指针发送消息的危害。

(3)学会开启僵尸对象实时监测。

(4)会使用静态分析工具检测代码中的内存管理缺陷。

(5)理解自动释放池的工作原理。

【实验内容与步骤】

利用实验2.2中的分数类Fraction代码，根据下面的要求编写程序。

(1)为跟踪对象的创建和释放过程，在分数类中重写init和dealloc方法。使得初始化对象时，能够打印正在初始化的对象的地址和引用计数值，在释放对象之前，也同样能够打印这些信息。

```
- (instancetype)init
{
    self = [super init];
    if (self) {
        NSLog(@ "init %@ , RC =%lu", self, [self retainCount]);
    }
    return self;
}
- (void)dealloc
{
    NSLog(@ "dealloc %@ ", self);
    [super dealloc];
}
```

(2)关闭ARC。操作方法可参考实验2.1的图2-7。

(3)在main.m中输入下面的代码，分析出错原因。

```
#import <Foundation/Foundation.h>
#import "Fraction.h"
int main(int argc, const char *  argv[])
{
    @ autoreleasepool
    {
```

```
        {
            Fraction * internalFraction = [[Fraction alloc]init];
            [internalFraction setNumerator:3 Denominator:5];
        }
        NSLog(@ "internalFraction... % @ ", internalFraction);
    }
    return 0;
}
```

编译器会在 NSLog 语句处提示出错信息：

```
Use of undeclared identifier 'internalFraction'
```

internalFraction 是复合语句内的局部变量。局部变量主要存放于栈中，由编译器自动分配释放。复合语句结束后，internalFraction 这个指针变量被释放，所以编译器提示“internalFraction 未声明”。

(4)将 NSLog 语句移入复合语句内，重新运行程序，根据运行结果分析程序是否有问题。程序输出为“init <Fraction: 0x100302460>, RC = 1”，说明程序创建了一个分数对象，但是根据分数类的设计，在程序结束的时候应该释放这个对象。

(5)用静态分析器分析代码中是否存在内存泄漏，如果有，则改正。

修改代码中的所有错误(红色叹号之后，用菜单“Product”→“Analyze”或快捷键 COMMAND + SHIFT + B 执行静态代码分析。如图 5-1 所示，蓝色高亮区域表示代码的潜在问题。

```
 3 int main(int argc, const char * argv[])
 4 {
 5     @autoreleasepool {
 6         {
 7             Fraction *internalFraction= [[Fraction alloc]init];
 8             [internalFraction setNumerator:3 Denominator:5];
 9         }
10     }
11     return 0;                    Potential leak of an object stored into 'internalFraction'
12 }
```

图 5-1 使用静态代码分析检查代码的潜在错误

在图 5-1 的分析结果中，凡是有"[图标]"图标的行都是工具发现的可疑泄漏点。这里的提示信息表示“internalFraction”对象存在潜在内存泄漏。

```
"Potential leak of an object stored into 'internalFraction'"
```

点击疑似泄漏点行末的"[图标]"图标会展开分析结果。如果需要查看较为完整的报告，可以切换到“issue navigator”问题导航子窗口查看所有静态代码分析的结果，如图 5-2所示。

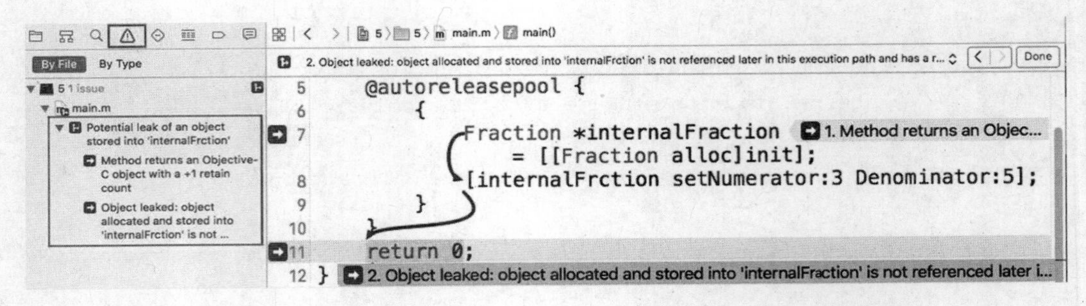

图 5-2　疑似泄漏点的展开结构及在问题子窗口下查看所有分析结果

图5-2中的线表明程序执行的路径。在这个路径中，第1处说明在第7行，"Method returns an Objective-C object with a +1 retain count"，说明这里创建了一个对象。第2处说明在第11行，"Object leaked: object allocated and stored into 'internalFraction' is not referenced later in this execution path and has a retain count of +1"，说明对象没有释放，怀疑有泄漏。

程序中，我们创建了(使用 alloc)对象 internalFraction，但是并没有显示发送 release 或 autorelease 消息。因此修改代码如下：

```
int main(int argc, const char * argv[])
{
    @ autoreleasepool {
        {
            Fraction * internalFraction = [[Fraction alloc]init];
            [internalFraction setNumerator:3 Denominator:5];
            [internalFraction release];
        }
    }
    return 0;
}
```

重新运行程序，运行结果如图5-3所示。

```
init <Fraction: 0x100200f80>, RC=1
dealloc <Fraction: 0x100200f80>, RC=1
```

图 5-3　程序运行结果

(6)在 XCode 中开启实时监测僵尸对象。

用下面的代码替换 main 函数。斜粗体代码为新增代码。

```
int main(int argc, const char * argv[])
{
    id externalFraction;
```

```
    @ autoreleasepool {
        {
            Fraction * internalFraction = [[Fraction alloc]init];
            [internalFraction setNumerator:3 Denominator:5];
            externalFraction = internalFraction;
            [internalFraction release];
          NSLog(@ "% @ ", internalFraction);
        }
        NSLog(@ "% @ ", externalFraction);
        [externalFraction release];
    }
    return 0;
}
```

观察程序运行结果：

程序运行过程中，有可能崩溃并抛出异常 EXC_BAD_ACCESS，如图 5－4 所示。

```
14        NSLog(@"%@", externalFraction);
15        [externalFraction release];  Thread 1: EXC_BAD_ACCESS (code=1, address=0x10010568)
16    }
17    return 0;
```

图 5－4　EXC_BAD_ACCESS 异常

也有可能出现如图 5－5 所示的运行结果。

```
10            externalFraction = internalFrction;
11            [internalFraction release];
12            NSLog(@"%@", internalFraction);
13        }
14        NSLog(@"%@", externalFraction);
15        [externalFraction release];
16    }
17    return 0;
18 }

2016-08-15 14:38:22.273 5[1097:87886] init <Fraction: 0x100200230>, RC=1
2016-08-15 14:38:22.275 5[1097:87886] dealloc <Fraction: 0x100200230>, RC=1
2016-08-15 14:38:22.275 5[1097:87886] <Fraction: 0x100200230>
2016-08-15 14:38:22.275 5[1097:87886] <Fraction: 0x100200230>
objc[1097]: Fraction object 0x100200230 overreleased while already deallocating;
break on objc_overrelease_during_dealloc_error to debug
Program ended with exit code: 9
```

图 5－5　僵尸对象输出信息

产生上述现象的原因，都是由僵尸对象引起的。由图 5－5 发现，在提示重复释放之前，程序也能访问已经被回收的对象。这是因为 XCode 为了提高编码效率，并不会实时监测僵尸对象，所以也就意味着它依然留在内存，造成对象被销毁后依然可以通过指针进行访问的假象。

开启实时监测僵尸对象：通过 Xcode 菜单“Product”→“Scheme”→“Edit Scheme...”设置实时监测僵尸对象，勾选“Enable Zombie objects”，如图 5-6 所示。但这样会比较耗性能，导致编译时间延长。

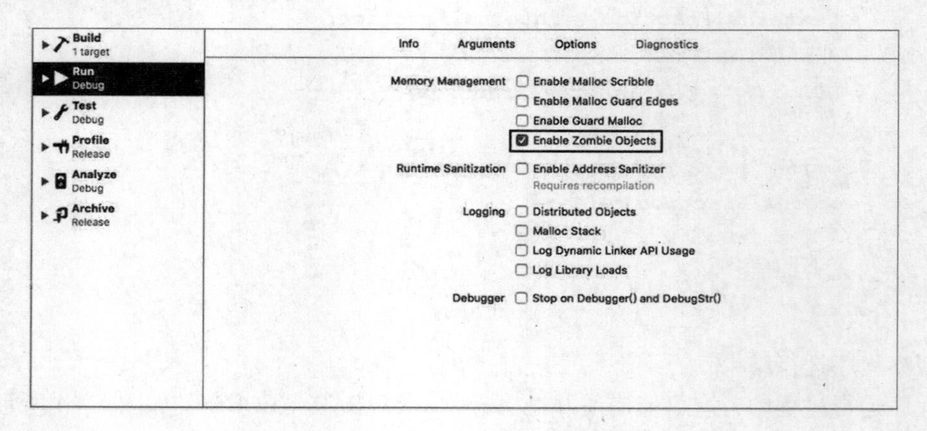

图 5-6　开启实时监测僵尸对象

开启僵尸对象实时监测后，在程序的第 12 行设置断点，调试程序。在调试窗口中，可以看见在执行过“[internalFraction release]”语句后，externalFraction 和 internalFraction 都被认定为僵尸对象“_NSZombie_Fraction *”，如图 5-7 所示。如果继续调试程序，就会出错，如图 5-8 所示。

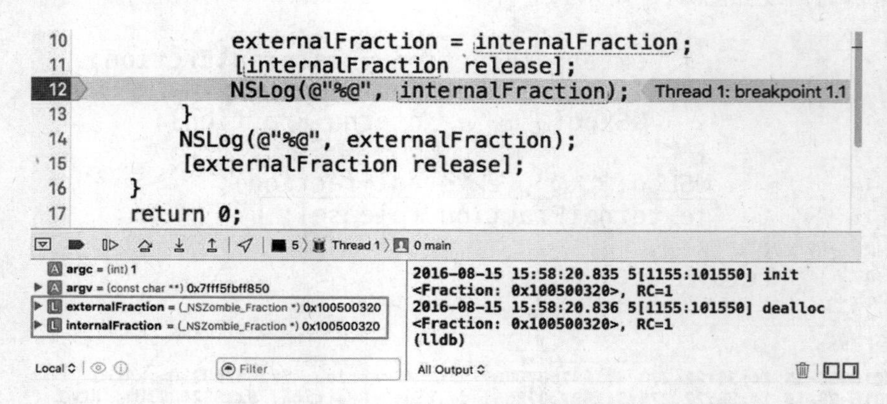

图 5-7　开启实时僵尸对象监测后调试程序

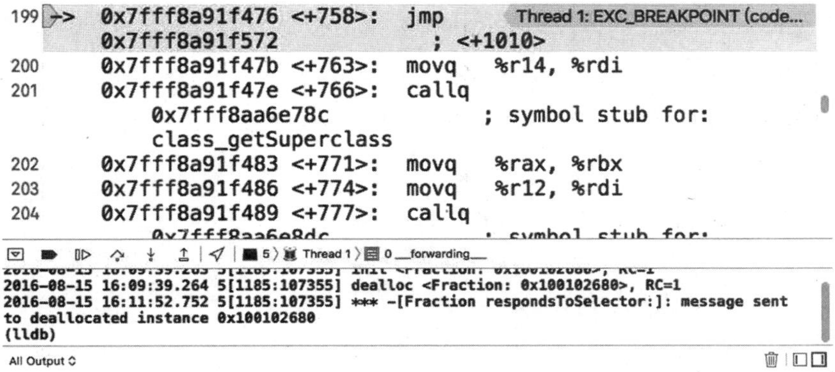
199 -> 0x7fff8a91f476 <+758>: jmp 0x7fff8a91f572 ; <+1010>
Thread 1: EXC_BREAKPOINT (code...
200 0x7fff8a91f47b <+763>: movq %r14, %rdi
201 0x7fff8a91f47e <+766>: callq 0x7fff8aa6e78c ; symbol stub for: class_getSuperclass
202 0x7fff8a91f483 <+771>: movq %rax, %rbx
203 0x7fff8a91f486 <+774>: movq %r12, %rdi
204 0x7fff8a91f489 <+777>: callq
5 Thread 1 0 __forwarding__
2016-08-15 16:09:39.264 5[1185:107355] dealloc <Fraction: 0x100102680>, RC=1
2016-08-15 16:11:52.752 5[1185:107355] *** -[Fraction respondsToSelector:]: message sent to deallocated instance 0x100102680
(lldb)
All Output

图 5 - 8　开启实时僵尸对象监测后提示出错

(7) 在 main. m 中编写下面两个测试函数，并在 main 函数中调用。观察控制台显示结果是否与预期一样。

```
void testRC()
{
    Fraction * aFraction = [Fraction new];

    [aFraction retain];
    NSLog(@"aFraction's RC: %lu",[aFraction retainCount]);

    [aFraction retain];
    NSLog(@"aFraction's RC: %lu",[aFraction retainCount]);

    [aFraction release];
    NSLog(@"aFraction's RC: %lu",[aFraction retainCount]);

    [aFraction release];
    NSLog(@"aFraction's RC: %lu",[aFraction retainCount]);

    [aFraction retain];
    NSLog(@"aFraction's RC: %lu",[aFraction retainCount]);

    [aFraction release];
    NSLog(@"aFraction's RC: %lu",[aFraction retainCount]);

    [aFraction release];

}
```

```
void testAutoreleasePool()
{
    Fraction * aFraction = [Fraction new];

    [aFraction retain];
    NSLog(@"aFraction's RC: %lu",[aFraction retainCount]);

    [aFraction autorelease];
    NSLog(@"aFraction's RC: %lu",[aFraction retainCount]);

    [aFraction release];
    NSLog(@"aFraction's RC: %lu",[aFraction retainCount]);

    NSLog(@"releasing pool");
}
```

实验 5.2　内存管理规则

【实验目的与要求】

(1)进一步掌握引用计数的概念与用法。
(2)深刻理解内存管理规则。
(3)在 MRC 模式下，能够正确应用内存管理规则管理内存。
(4)能够将 MRC 的代码转换为 ARC。

【实验内容与步骤】

利用实验 3.2 中的 Car 类和 Engine 类代码根据下面的要求编写程序。
(1)关闭 ARC。
(2)删除 Engine 类的 description 方法，增加一个表示价格的实例变量，并设计对应的存取方法。

```
//  Engine.h
#import <Foundation/Foundation.h>
@interface Engine : NSObject{
    float _price;
}
- (void)setPrice:(float)price;
- (float)price;
@end
```

```
//  Engine.m
#import "Engine.h"
@implementation Engine
- (void)setPrice:(float)price
{
    _price = price;
}

- (float)price
{
    return _price;
}
@end
```

(3) Car 类中只保留与 Engine 有关的代码，并根据内存管理规则修改 setEngine 方法。

```
//  Car.h
#import <Foundation/Foundation.h>
@class Engine;
@interface Car : NSObject {
        Engine * _engine;
}
-(void)setEngine:(Engine * )newEngine;
-(Engine * )engine;
@end

//  Car.h
#import "Car.h"
@implementation Car
-(void)setEngine:(Engine * )newEngine
{
    if (newEngine != _engine) {
        [_engine release];
        _engine = [newEngine retain];
    }
}

-(Engine * )engine
{
    return _engine;
}
@end
```

(4) 在这两个类中重写 init 和 dealloc 方法，并在方法中的适当地方加入 NSLog 语句以在控制台上输出对象的初始化及销毁过程，如“初始化对象 <Car: 0x1001090f0>，其 RC 值为 1”“正在销毁 RC 值为 1 的对象 <Car: 0x1001090f0>”。注意，在 Car 类的 dealloc 方法中要释放 Engine。

```
- (instancetype)init
{
    self = [super init];
    if (self) {
        NSLog(@"初始化对象%@,其 RC 值为%lu",self, [self retainCount]);
    }
    return self;
}
```

```
// dealloc in Engine
- (void)dealloc
{
    NSLog(@"正在销毁RC值为%lu的对象%@", [self retainCount], self);
    [super dealloc];
}
```

```
// dealloc in Car
- (void)dealloc
{
    [self setEngine:nil];
    NSLog(@"正在销毁RC值为%lu的对象%@", [self retainCount], self);
    [super dealloc];
}
```

(5)在main.m文件中编写一个可以为汽车更换引擎的函数。注意函数内部对象的内存管理。

```
void changeEngine(Car * aCar)
{
    Engine * engine2 = [[[Engine alloc]init]autorelease];
    [engine2 setPrice:80000];
    [aCar setEngine:engine2];
}
```

(6)在main函数中创建2个引擎和1个汽车对象，将1号引擎安装在汽车上，然后再更换成2号引擎。验证上述过程中内存管理是否正确。

```
int main(int argc, const char * argv[])
{
    @autoreleasepool {
        Car * myCar = [[[Car alloc]init]autorelease];
        Engine * engine1 = [[[Engine alloc]init]autorelease];
        [engine1 setPrice:58000];
        [myCar setEngine:engine1];

        NSLog(@"当前汽车引擎的价格是%.f", [[myCar engine] price]);
        NSLog(@"更换引擎");
        changeEngine(myCar);
        NSLog(@"当前汽车引擎的价格是%.f", [[myCar engine] price]);
    }

    return 0;
}
```

(7)将这个项目转换为支持 ARC 的。

首先开启 ARC。然后利用菜单"Edit"→"Convert"→"To Objective - C ARC..."对所选文件进行转换，如图 5 - 9 所示。

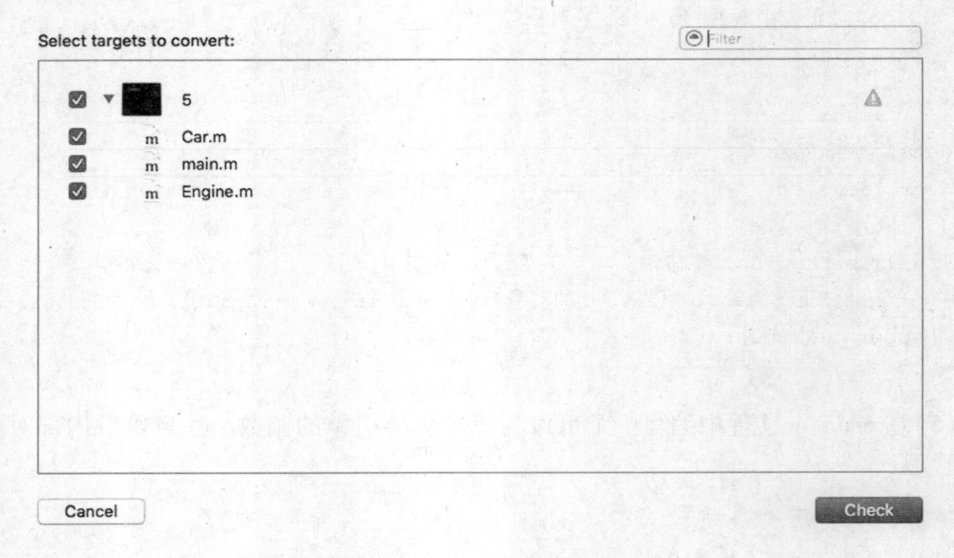

图 5 - 9　Convert to Objective - C ARC

编译器会检查代码是否符合 ARC 的标准，若不满足条件会给出提示信息，根据提示进行修改，如图 5 - 10 所示。

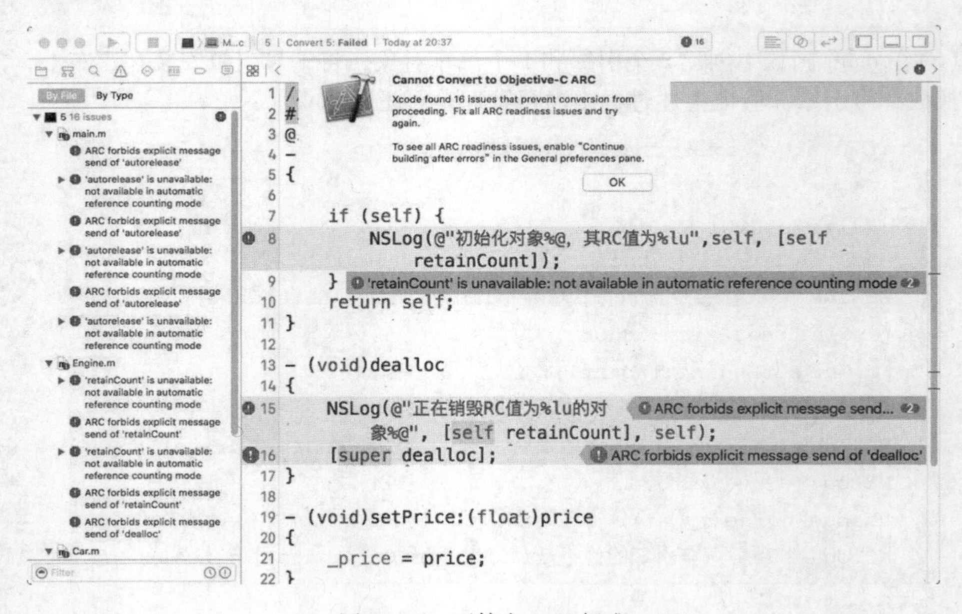

图 5 - 10　不符合 ARC 标准

(8)尝试 MRC 和 ARC 混编。如果在 ARC 项目中个别文件使用的是 MRC 内存管理模式，那么可以在编译选项中为 MRC 的源文件添加“ – fno – objc – arc”标记，表明在编译时，该文件使用 MRC 编译，如图 5 – 11 所示。反之，如果要在 MRC 项目中添加 ARC 的文件，可以使用“ – fobjc – arc”标记。

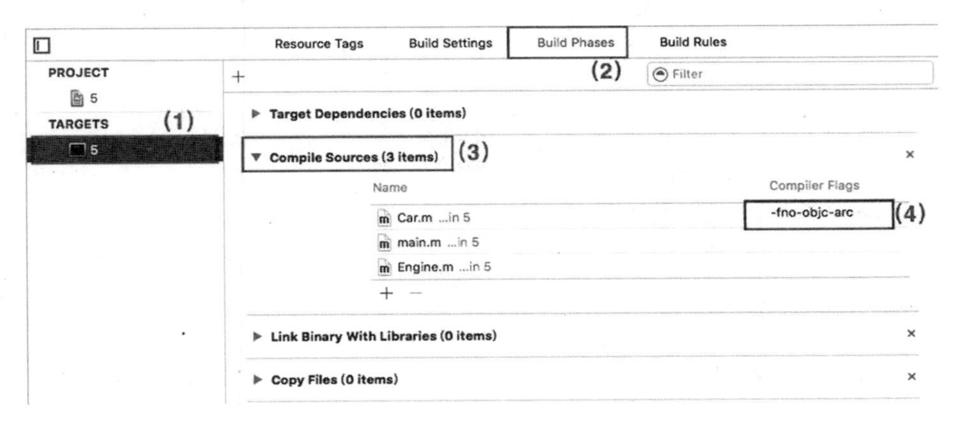

图 5 – 11　ARC 项目中混用 MRC 文件

实验 5.3　对象初始化

【实验目的与要求】

(1)理解 Objective - C 中的对象初始化机制。
(2)熟练掌握指定初始化函数的编写规范。
(3)掌握便利构造器的创建及使用方法。
(4)进一步熟悉内存管理规则。

【实验内容与步骤】

根据下面的要求修改实验 3. 3 中的 Car、Tire 和 AllWeatherRadial 三个类。

1. 关闭 ARC

2. 修改 Tire 类

注意指定初始化方法和其他初始化方法的书写规范。

①增加轮胎压力 pressure 和胎面花纹深度 treadDepth 两个实例变量，并为它们设计存取方法。

```
@ interface Tire : NSObject{
    float _pressure; //轮胎压力
    float _treadDepth; //胎面花纹深度
}
@ end
```

②设计指定初始化方法，能够指定两项轮胎系数。

```
- (instancetype) initWithPressure: (float) pressure treadDepth: (float)
treadDepth;
{
    self = [super init];
    if (self) {
        _pressure = pressure;
        _treadDepth = treadDepth;
    }
    return self;
}
```

③设计初始化方法，默认轮胎压力为 34. 0，胎面花纹深度为 20. 0。

```
- (instancetype)init
{
    if (!(self = [self initWithPressure:34.0 treadDepth:20.0])){
```

```
        return nil;
    }
    return self;
}
```

④设计仅能指定轮胎压力的初始化方法，而胎面花纹深度默认为20.0。

```
- (instancetype)initWithPressure:(float)pressure
{
    if (!(self = [self initWithPressure:pressure treadDepth:20.0])) {
        return nil;
    }
    return self;
}
```

⑤设计仅能指定胎面花纹深度的初始化方法，而轮胎压力默认为34.0。

```
- (instancetype)initWithTreadDepth:(float)treadDepth
{
    if (!(self = [self initWithPressure:34.0 treadDepth:treadDepth])) {
        return nil;
    }
    return self;
}
```

⑥改写description方法，使得轮胎信息能够以“轮胎类型(轮胎压力/胎面花纹深度)”的形式打印。例如，Tire(P34.0/TD20.0)。

```
- (NSString * ) description
{
    return [NSString stringWithFormat: @ "% @ (P% .1f/TD% .1f)", [self
class],[self pressure], [self treadDepth]];
}
```

3. 修改Tire的子类AllWeatherRadial

注意子类的指定初始化方法要调用父类的指定初始化方法。

①增加潮湿系数rainHandling和积雪系数snowHandling两个实例变量，并为它们设计存取方法。

②设计指定初始化方法，能够分别指定轮胎的4项系数。

③设计工厂方法(便利构造器)，能够根据指定的4项系数创建轮胎。注意实现时也要调用指定初始化方法。

④设计初始化方法，默认轮胎压力为34.0，胎面花纹深度为20.0，潮湿系数为23.7和积雪系数为42.5。

⑤改写description方法，使得轮胎信息能够以“轮胎类型(轮胎压力/胎面花纹深度/

潮湿系数/积雪系数)”的形式打印。

例如，AllWeatherRadial(P34.0/TD20.0/RH23.7/SH42.5)。

4. 修改 Car 类 AllWeatherRadial

①将 tires 的类型改为 NSMutableArray，轮胎的存取方法可以利用 NSMutableArray 类的实例方法来实现。

②修改 engine 和 tire 的存取方法，注意要满足内存管理规则的要求。

```
- (void)setTire:(Tire * )newTire atIndex:(int)index
{/* 从 tires 数组中删除现有对象并用新对象替代
replaceObjectAtIndex: withObject:方法会自动保留新对象并释放原有对象，无须程序员
进行内存管理工作
* /
    if (index < 0 || index > 3) {
        NSLog(@ "bad index (% d) in tireatIndex:", index);
        exit(1);
    }
    [_tires replaceObjectAtIndex:index withObject:newTire];
}
```

③重写 init 方法，创建汽车时能够安装 4 个“空”轮胎(这里“空”轮胎，是为了保证“setTire:”“atIndex:”方法能够利用“replaceObjectAtIndex: withObject:”来实现而设计的)。

```
- (instancetype)init
{
    self = [super init];
    if (self) {
         _tires = [NSMutableArray arrayWithObjects:[NSNull null], [NSNull
                  null], [NSNull null], [NSNull null], nil];
    //创建可变数组 tires，将 4 个轮胎位置预置空对象，tires 已加入自动内存释放池
    }
    return self;
}
```

④重写 dealloc 方法以保证回收汽车之前能够先回收零件。

5. 在 main 函数中测试上述修改的各个类

参考测试效果如图 5 - 12 所示。

```
更换轮胎前汽车的配置:
I am a slant-6. VROOOM!
AllWeatherRadial(P34.0/TD20.0/RH23.7/SH42.5)
AllWeatherRadial(P34.0/TD20.0/RH23.7/SH42.5)
AllWeatherRadial(P34.0/TD20.0/RH23.7/SH42.5)
更换轮胎后汽车的配置:
I am a slant-6. VROOOM!
AllWeatherRadial(P34.0/TD20.0/RH23.7/SH42.5)
AllWeatherRadial(P34.0/TD20.0/RH23.7/SH42.5)
AllWeatherRadial(P34.0/TD20.0/RH23.7/SH42.5)
AllWeatherRadial(P33.0/TD21.0/RH22.0/SH42.0)
```

图 5－12　测试效果

实验 5.4 属性

【实验目的与要求】

(1)熟练掌握 Objective - C 中属性的基本用法。

(2)进一步理解 Objective - C 中的对象初始化机制。

【实验内容与步骤】

本次实验要求采用 ARC 内存管理模式，编写程序实现客户信息管理。

1. 设计出生日期类 Birth

应满足以下条件:

(1)创建对象的时候可以指定出生年、月、日。

```
@ interface Birth : NSObject
@ property (nonatomic) NSUInteger year;
@ property (nonatomic) NSUInteger month;
@ property (nonatomic) NSUInteger day;
@ end
```

```
- (instancetype) initWithYear: (NSUInteger) year month: (NSUInteger) month
day: (NSUInteger)day;
{
    self = [super init];
    if (self) {
        _year = year;
        _month = month;
        _day = day;
    }
    return self;
}
```

(2)能以“xx 年 xx 月 xx 日”的形式输出。

```
- (NSString * )description
{
    return [NSString stringWithFormat:@ "%lu 年% lu 月%lu 日",
self. year,self. month,self. day];
}
```

2. 设计客户类 Customer

应满足以下条件:

(1)能够描述每个客户的联系方式(可以有多条)、姓名、性别、体重、身高、是否 VIP、出生日期。

分析：可以定义属性来描述上述信息。其中，姓名和性别用 NSString 来描述，且 setter 语义为 copy，名字一旦设定将不可更改，所以名字的可读特性设定为 readonly。出生日期用之前设计的 Birth 类来描述，所以 setter 语义指定为 strong。是否 VIP 这个属性用 BOOL 类型来描述，根据操作习惯，我们用“isVIP”替代系统自动生成的 getter 方法名“VIP”。联系方式这里用可变字典类型的实例变量来描述。因为联系方式会有很多种，比如 QQ、手机、Email 等，且每种联系方式都有具体的数值，所以我们用可变字典来描述。实际操作中，几乎不会出现联系方式整体赋值的情况，多数联系方式都是逐条添加的，属性自动生成的 setter 方法并不适用，所以我们设计的是实例变量而不是属性。

```
@ interface Customer : NSObject{
    NSMutableDictionary * _contacts; //联系方式
}
@ property (nonatomic,readonly,copy) NSString * name; //姓名
@ property (nonatomic,copy) NSString * sex; //性别
@ property (nonatomic) float weight; //体重
@ property (nonatomic) float height; //身高
@ property (nonatomic,getter = isVIP) BOOL VIP; //是否 VIP
@ property (nonatomic,strong) Birth * birthday; //出生日期
@ end
```

（2） 新建客户的时候，可以登记姓名、出生日期和手机号。

分析：这里需要在指定初始化方法中创建姓名、出生日期和手机号三个实例变量。

```
//初始化客户的姓名、出生日期、手机号(指定初始化方法)
- (instancetype)initWithName:(NSString* )name birthYear:
(NSUInteger)year birthMonth:(NSUInteger)month birthDay:
(NSUInteger)day mobile:(NSString* )mobileNumber;
{
    if (self = [super init]) {
        _name = [name copy];
        _birthday = [[Birth alloc]initWithYear:year month:month day:day];
        _contacts = [NSMutableDictionary dictionaryWithObject:mobileNumber
forKey:@ "Mobile"];
    }
    return self;
}
```

（3）假设目标消息群体是 90 后。新建客户的时候，可以只登记姓名和手机号两项信息。

分析：因为目标消费群体是 90 后，在仅指定姓名和手机号的情况下，可以用 1990 年 1 月 1 日作为默认出生日期去调用指定初始化方法。

```
- (instancetype) initWithName: (NSString * ) name mobile: (NSString * ) mobileNumber
{
    if (! (self = [self initWithName: name birthYear: 1990 birthMonth: 1 birthDay:1 mobile:mobileNumber])) {
        return nil;
    }
    return self;
}
```

(4)能够为当前客户添加一条联系方式。

(5)能够获取客户的全部联系方式。

(6)能够查找指定联系方式的具体信息。例如，给出 QQ，能够找到具体的 QQ 号。

分析：(4)、(5)、(6)其实就是对字典的基础操作，请自行实现这几个方法。

(7)能够打印客户的全部信息。如果客户是 VIP，那么在具体信息打印之前要在醒目的位置标注这是一个 VIP 客户。打印效果如图 5 - 13 所示。

```
***VIP客户***
姓名：张三
性别：男
身高：180
体重：140
出生日期：1991年3月16日
联系方式：
{
    Email = "zs@126.com";
    Mobile = 13926108888;
    QQ = 860888;
}
```

图 5 - 13　VIP 客户信息打印效果

3. 编写一个外部函数

能够根据手机号码查找经理人手中的顾客信息。

分析：手机是众多联系方式中的一种，而联系方式在 Customer 类中是用字典来描述的。所以这里查找的实质，就是在字典的遍历过程中，根据关键字进行查找。

```
Customer* findCustomerWithMobile(NSString* mobileNumber, NSMutableArray * customersArray)
{
    for (Customer * person in customersArray)
    {
        if ([mobileNumber isEqualTo:[person readContactForTag:@ "Mobile"]])
        {
```

```
            return person;
        }
    }
    return nil;
}
```

4. **模拟测试**

某销售经理有 3 个客户，查找并输出手机号为 xxx 的客户信息。

练　习

以下及其他实验的程序，如无特殊说明，则内存管理模式为 ARC。

1. 利用实验 5.1 中的 Fraction 类，若在 main 函数中调用下面的方法，分析运行结果并上机验证。

```
void exercise()
{
    //aFraction 这个指针变量本身存放在栈内
    Fraction * aFraction;
    //aFraction 所指向的对象存放在堆内
    aFraction = [[Fraction alloc] init];

    [aFraction autorelease];
    NSLog(@"autorelease:%lu",[aFraction retainCount]);

    [aFraction retain];
    NSLog(@"第一次 retain:%lu",[aFraction retainCount]);
    [aFraction release];
    NSLog(@"第一次 release:%lu",[aFraction retainCount]);

    [aFraction retain];
    NSLog(@"第二次 retain:%lu",[aFraction retainCount]);
    [aFraction release];
    NSLog(@"第二次 release:%lu",[aFraction retainCount]);

    [aFraction retain];
    NSLog(@"第三次 retain:%lu",[aFraction retainCount]);
    [aFraction release];
    NSLog(@"第三次 release:%lu",[aFraction retainCount]);
```

```
    [aFraction release];
    NSLog(@ "第四次 release:% lu",[aFraction retainCount]);
}
```

2. 使用 MRC 内存管理模式，编写程序实现宠物领养。

(1)设计宠物类，每个宠物都有唯一的编号。

(2)设计主人类，每个人都有自己的身份证编号，每个主人可以领养一个宠物。

(3)分析这两个类之间是什么关系。

(4)每个类的工厂方法和初始化方法可以根据实际情况自行设计。

(5)模拟主人领养了一个宠物之后，再更换宠物的过程。

3. 利用属性修改实验 5. 3 项目(MRC)中实例变量访问器的声明与定义过程，并在应用程序中用点表达式访问对象的实例变量。

4. 修改程序，将习题 3 的内存管理方式改为 ARC。

5. 利用属性和便利构造器的知识改写薪酬管理程序。定义超类 Employee，它拥有姓名 name 和工龄 workAge 两个属性，定义 caculateSalary 方法计算工龄补贴。由 Employee 派生出 Saler 类(销售员)和 Programmer 类(程序员)，子类 Saler 增加月销售额 saleAmount 属性，子类 Programmer 增加月工作天数 workDays 属性。每个子类中要有便利构造器，覆盖超类中的 caculateSalary 方法计算月薪，且能够以图 5－14 所示的形式在控制台中输出对象。在 main 函数中分别实现一个名为王二、工龄 5 年、本月销售额为 20 万元的销售员和一个名为李四、工龄 4 年、本月工作 20 天的程序员，并在控制台中输出这两个对象。

月薪计算规则：

月薪 = 工龄补贴 + 绩效

工龄补贴 = 200 × 工作年限

销售绩效 = 销售额 ×5%

销售员王二，工龄5年，本月销售额为200000.0，本月工资为11000.0
程序员李四，工龄4年，本月工作20天，本月工资为6800.0

图 5－14　员工信息输出形式

6. 定义一个 Person 类，包含名字属性和年龄属性。为 Person 类设计便利构造器。创建一个查找方法，该方法能够找出名字的部分匹配。编写测试程序，创建几个如图 5－15 所示的 Person 实例，并保存在数组中。输出所有名字中含有“张子”的人员信息。

张子轩 5岁
王子轩 2岁
林梦瑶 21岁
王梦瑶 19岁
张子豪 20岁

图 5－15　测试数据

7. 分析下面的代码有什么问题，应如何修改。

```
//  Account.h
#import <Foundation/Foundation.h>
@interface Account : NSObject
@property (nonatomic, readonly) NSString * password;
@end
```

```
//  Account.m
#import "Account.h"
@implementation Account
- (instancetype)init
{
    self = [super init];
    if (self) {
        _password = @"12345678";
    }
    return self;
}
@end
```

```
//  main.h
#import "Account.h"
int main(int argc, const char *  argv[])
{
    @autoreleasepool {
        Account * obj = [[Account alloc]init];
        NSString * newPassword = @"87654321";
        obj.password = newPassword;
    }
    return 0;
}
```

6 类别与协议

类别(Category)提供了区别于继承的另外一种方法来对类进行扩展。它允许向任何已有的类添加方法来实现功能上的扩展。在 Objective - C 中是不能实现多继承的，而协议(Protocol)的功能类似于 C ++ 中对抽象基类的多重继承。协议事实上是一组方法列表，它并不依赖于特定的类。使用协议可以使不同的类共享相同的消息。

本实验将围绕类别和协议的特点、作用、创建及使用方法展开练习。

【实验目标】

(1)理解类别与类扩展的作用。

(2)掌握协议的创建方法。

(3)掌握实现委托的两种方式。

【重点】

(1)会创建类别和类扩展。

(2)熟练掌握复制协议的创建方法。

【难点】

(1)能够熟练应用类别和类扩展解决实际问题。

(2)掌握复制协议的创建及使用方法。

【相关知识点】

1. 什么是类别

利用 Objective - C 的动态运行时分配机制，可以让用户在不知道现有类的内部实现的情况下，为该类增加新的方法。这种能力就是“类别”。

类别中添加的新的方法可以访问现有类中的所有实例变量。

通过类别添加的方法同样可以被子类继承。

类别就是类的补充和扩展，本质上是类的一部分。把一个类中的方法分成若干部分，每个部分就是一个类别。

类别中声明的方法可以不实现，或在其他地方实现(比如原有类的 m 文件中)。

2. 类别的声明与实现

➢ 声明：

```
#import "已有类名.h"
@ interface 已有类名 (类别名称)
```

```
//新方法的声明
@ end
```

➢ 实现：与类的实现方法类似。

```
#import "已有类名+类别名.h"
@ implementation 已有类名 (类别名称)
//新方法的实现
@ end
```

Objective-C 开发规约中明确指出，所有的类别文件名都须要以"已有类库的类名+类别名"的方式来取名。例如，"NSString+NumberConvenience.h"就是 NSString 类的类别 NumberConvenience 的接口文件名。

3. 类别的使用

类别中的方法在使用时，只要正确导入类别的接口文件，类别中的方法与类原有的方法并无区别，其代码可以访问包括私有类成员变量在内的所有成员变量。

4. 类别的局限

➢ 无法向类中添加新的实例变量。

➢ 无法定义属性。

➢ 可能会发生名称冲突，即类别中的方法与现有类中的方法重名。如果发生名称冲突，类别的方法将具有高的优先级，也就是类别将覆盖原来的方法。这可能无意间破坏了原来的方法！（再也无法访问现有类中的同名方法。）这个特性可以用于修正原有代码中的错误，更可以从根本上改变程序中原有类的行为。

➢ 若多个类别中的方法同名，则被调用的方法是不可预测的。

5. 类扩展(Extension)

Extension 就像是匿名的 Category，不同的是 Extension 中声明的方法必须在主类的"@ implementation"中实现。特点：

➢ 没有名字。

➢ 可以添加实例变量和属性。

➢ 声明的属性和方法是私有的。

➢ 可以修改主类中成员的读写权限。

➢ 通常，仅有一个 h 头文件，方法在主文件的 m 文件中实现，不能分开。

➢ 创建数量不限(须慎用)。

作用：因为类扩展中的方法、实例变量和属性都是私有的，如果须要写一个类，而且数据和方法仅供这个类本身使用，可以使用类扩展达到私有的目的。

6. 什么是协议(Protocol)

协议是一个命名的方法列表，可以被多个类共享，要求显式地采用，从而程序的可读性更高，且较易维护。

协议只声明方法，但不实现方法。谁想采用协议，谁就负责实现协议中的方法。

7. 声明协议

使用@ protocol 指令声明一个新的协议，一般语法形式为：

```
@ protocol 协议名 <NSObject>
@ optional 方法声明;
@ required 方法声明;
@ end
```

协议名是唯一的。

"@ required"和"@ optional"是两个协议修饰符，"@ required"表示必须实现的方法（默认），而"@ optional"表示可选实现的方法。

在 Objective - C 中，默认新创建的协议都是在扩展已有协议 NSObject。当然，也可以在创建新的协议时，扩展其他已有的协议。例如：

```
@ protocol  Drawing3D <Drawing>
……//协议中方法的声明
@ end
```

这里说明 Drawing3D 协议也采用了 Drawing 协议。任何采用了 Drawing3D 协议的类都必须同时实现两个协议中的方法。

8. 采用协议

协议定义好以后，要在类中进行使用。首先要在类中进行协议的声明，即声明类时，在父类名之后用尖括号指出需要采用的协议名称，然后在这个类的实现文件中实现协议中的方法。其语法形式为：

```
@ interface 类名 : 父类名 <协议名>
@ end
```

当然，要采用某个协议就必须以"#import"的形式导入声明协议的头文件。

为了满足某些需求，在一个类中可能要采用/遵守多个协议。其语法形式为：

```
@ interface 类名 : 父类名 <协议名1,协议2,…,协议n>
@ end
```

类别也可以采用协议。例如：

```
@ interface NSString(Utilities) <NSCopying, NSCoding>
```

协议具有继承性。若父类采用了某个协议，则其子类也默认采用这个协议。

检查对象是否遵循协议：可以通过向对象发送"conformsToProtocol:"消息来检查它是否遵循某项协议。

```
if ([对象名 conformsToProtocol:@ protocol(协议名)] = = YES) {
    //对象调用协议内的方法}
```

检查对象是否实现了协议中某个可选方法：可以通过向对象发送“respondsToSelector:”消息来检查它是否实现了协议内的可选方法。

```
if ([对象名 respondsToSelector:@ selector(协议内某可选方法名)] = = YES) {
    //对象调用协议内的可选方法
}
```

用协议修改变量：通过在类型名之后的尖括号中添加协议名称，可以借助编译器来检查变量的一致性，即检查这个对象是否遵循这项协议。

```
id <协议名> 对象名;
```

9. 协议适用情况

声明其他类预期要被实现的方法。

不突出实现这些协议的类本身的特性，而强调它们的接口。

让没有继承关系的类具有相似的特性(类似于多重继承的特性)。

10. 复制协议

在 Objective - C 中，一个对象可以调用 copy 或 mutableCopy 方法来创建一个副本对象。对象要具备复制功能，必须实现 NSCopying 协议或者 NSMutableCopying 协议。

```
@ protocol NSCopying
 - (id)copyWithZone:(NSZone * )zone;
@ end
@ protocol NSMutableCopying
 - (id)mutableCopyWithZone:(NSZone * )zone;
@ end
```

Foundation 框架中的常用的可复制对象如 NSNumber、NSString、NSMutableString、NSArray、NSMutableArray、NSDictionary、NSMutableDictionary，因为已经实现了复制协议，所以可以响应 copy 或 mutableCopy 方法进行对象复制。

copy 获得的是“copyWithZone:”方法返回的对象，这个对象是不可变的。

mutableCopy 获得的是“mutableCopyWithZone:”方法返回的对象，这个对象是可变的。

自定义对象想要拥有复制特性，能够响应 copy 或 mutableCopy 方法，就要在自定义类时遵循 NSCopying 协议或者 NSMutableCopying 协议，实现协议中的“CopyWithZone:”方法或“MutableCopyWithZone:”方法。

11. 浅复制与深复制

一般来说，复制一个对象包括创建一个新的实例，并以原始对象中的值初始化这个新的实例。复制非指针型实例变量的值比较简单。而复制指针型实例变量有两种方法：浅复制和深复制。

浅复制是将原始对象的指针值复制到副本中，原始对象和副本对象共享引用数据。即仅复制对象本身，对象里的属性、包含的对象不复制。

深复制是指复制指针所引用的数据，并将其赋值给副本的实例变量。即产生真正独立于原始对象的对象副本，在复制对象本身的同时，对象的属性也会复制一份。

一般情况下，可以被视为数据容器的指针类型实例变量往往被深复制，而复杂的实例变量(如委托)则被浅复制。

Foundation 支持复制类，默认是浅复制。

12. 协议与委托

Delegation 是一种设计模式，是一个类的对象要求委托对象处理某些特定的任务。它可以将面向对象编程的封装特性进一步加强，不是自己负责的事情坚决不做，而是让对应的事情负责人(委托对象)去做。委托的引入真正意义上完全实现 MVC 的程序结构框架。

协议是对类的实现进行规约的一套标准，可以保证多个承诺实现协议的类的接口一致性。例如，协议中定义了一个接口 doSomething，承诺遵循这个协议的类，就须要实现这个接口 doSomething。协议的关键性是让大家都有法可依，有据可查。

在 Objective - C 中，很多时候协议和委托是一起出现一起使用的。我们可以通过协议和委托来进行类与类之间的通信和交流。抽象地描述为：如果类 A 是类 B 的委托，那么类 B 要定义出一套它的委托须要实现的接口，这套东西以协议的方式提供给类 A。类 A 实现了这套协议后，每当类 B 有东西要告知类 A，它就能通过定义好的协议接口来告诉它的委托也就是类 A。类 A 实现了协议中的接口，也就可以收到类 B 要告知它的内容，如图 6 - 1 所示。

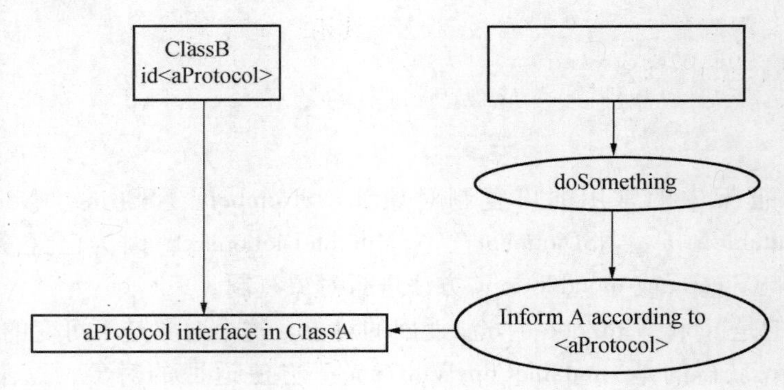

图 6 - 1　协议和委托的使用图示

对象 A 须要完成某个操作 doSomething，但是 A 没有实现这个操作，而对象 B 实现了 doSomething 这个操作，那么对象 A 可以委托对象 B 完成此操作。B 为 A 的代理(对象)。

委托对象的实现有两种方式：正式协议和非正式协议。

13. 正式协议与委托

在协议中定义委托方法，委托对象可以选择实现其中某些委托方法，因此如果通过正式协议定义委托方法需要使用“@ optional”。

目的：将 B 的事情委托给 A 来做。

①创建协议 aProtocol，包含要委托出去的事情(方法)。

②在 A 中要宣布自己遵循协议 aProtocol，并实现 aProtocol 中的方法。

③在 B 中声明一个委托对象或属性，即要委托给谁去办，用“id <协议名>委托对象名”的形式。注意，如果用属性的形式定义委托对象，须采用 weak 弱引用。

④B 调用委托对象执行协议中的操作，即“delegate doSomething”。

14. 非正式协议与委托

在 Objective－C 中包括两种定义协议的方式：为特定目的设定的非正式协议，以及由编译器保证的正式协议。委托强调类别的另一种应用：被发送给委托对象的方法可以声明为一个 NSObject 的类别。而创建一个 NSObject 类的类别称为创建一个非正式协议。因为基本所有的常用类都继承自 NSObject 类，所以我们可以在任何类中使用该类别实现的方法。这样任何类的对象都可以作为委托对象来使用，它可以列出对象能够执行的所有方法，这样用来实现委托。我们可以使用选择器来判断该非正式协议中是否有这个方法。

15. 正式协议与非正式协议对比

非正式协议是 NSObject 类的类别。这意味着几乎所有的对象都是非正式协议的采纳者。非正式协议中的方法不必全部实现。在调用某个方法之前，调用对象会先检查目标对象是否实现此方法。非正式协议实质上是 Foundation 和 AppKit 类用于实现委托的方式。但程序的可读性不高，也较难维护。

正式协议声明一个方法列表，协议采纳者须要实现列表中的所有方法。正式协议有特殊的声明、采纳以及类型检查语法。可以使用“@ required”和“@ optional”关键字指定哪些方法必须实现或可选实现。子类将会继承其祖先类所采用的正式协议。一个正式协议也可以采纳其他的协议。

实验6.1　类别与类扩展

【实验目的与要求】

(1)理解类别与类扩展的作用。

(2)会创建类别和类扩展。

(3)能够熟练应用类别和类扩展解决实际问题。

【实验内容与步骤】

1. 为NSString类增加一个类别

在此类别中实现将字符串的长度包装成NSNumber对象和判断一个字符串对象是否为一个URL的功能。测试这个类别中的方法。

①为NSString类创建类别文件。与创建类文件的步骤相似，但新文件的模板类型为"Objective - C File"，如图6-2所示。然后设置文件类型为"Category"，Class文本框中填写想要添加方法的类"NSString"，类别的名称填写在File文本框中，如图6-3所示。

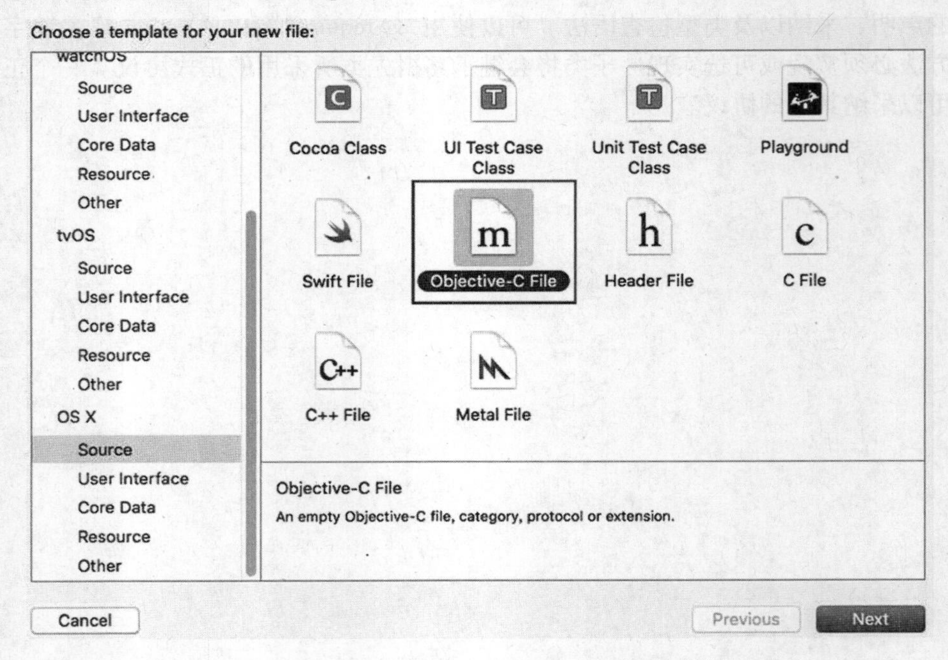

图6-2　选择"Objective - C File"模板类型

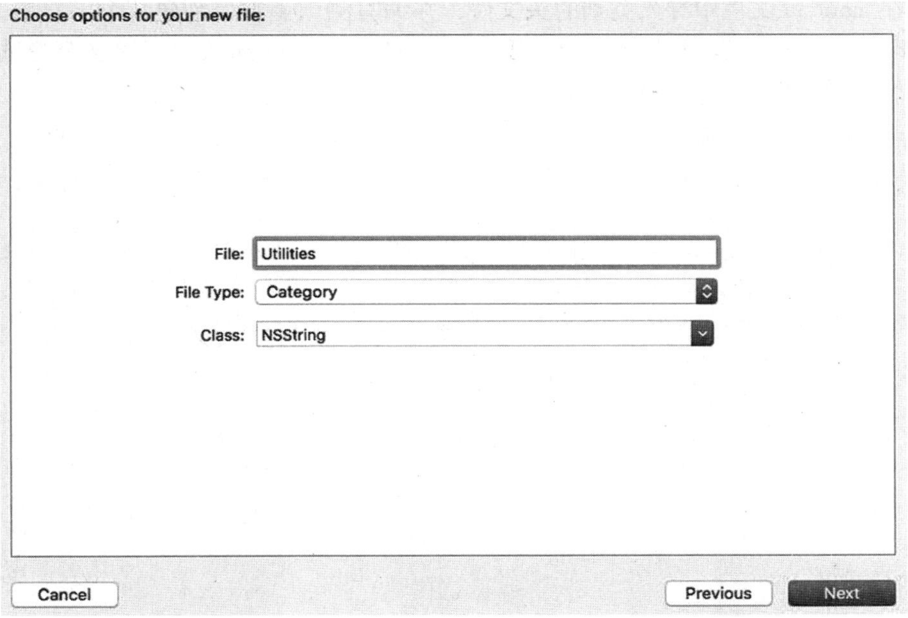

图 6－3　配置类别

②在类别的接口文件中添加新增方法的声明。

```
// NSString+Utilities.h
#import <Foundation/Foundation.h>
@interface NSString (Utilities)
- (NSNumber *)lengthAsNumber;
- (BOOL)isURL;
@end
```

③在类别的实现文件中实现新增的方法。

```
// NSString+Utilities.m
#import "NSString+Utilities.h"
@implementation NSString (Utilities)
- (NSNumber *) lengthAsNumber
{
    return ([NSNumber numberWithInteger:[self length]]);
}
- (BOOL)isURL
{
    return [self hasPrefix:@"http://"];
}
@end
```

④在main.m文件中导入类别的头文件，并编写测试函数，创建几个字符串，将其中是URL的字符串和这个字符串的长度存入字典。在main函数中调用这个测试函数，观察程序运行结果。

```
#import "NSString+Utilities.h"
void testForNSStringUtilities()
{
    NSArray * arr = @[@"http://my.scse.com.cn", @"http://mail.scse.com.cn", @"www.sise.com.cn"];
    NSMutableDictionary * dict = [NSMutableDictionary dictionary];
    for (NSString * str in arr) {
        if ([str isURL]) {
            [dict setObject:[str lengthAsNumber] forKey:str];
        }
    }
    NSLog(@"%@", dict);
}
```

2. 设计Person类并测试

每个人都有名字、性别、国籍等公开的个人信息，也有属于自己的秘密。结合类扩展的相关知识，设计Person类并测试。

①创建Person类，类中设计名字、性别和国籍三个属性和一个能够指定名字的便利构造器。

②创建Person类的扩展，声明一个属性用以描述只有自己知道的秘密。用Xcode创建类扩展的方法与创建类别的方法相似，但在设置文件类型时，须要选择为“Extension”，如图6-4所示。

图6-4 创建Person类的扩展

③编写测试函数，创建一个Person实例，设置它的性别和籍贯，然后在控制台上输出这些信息。在main函数中调用这个测试函数，观察程序运行结果。

④思考：可以在测试函数中设置这个实例的秘密吗？为什么？

⑤如果须要设置某个人的秘密是“职业杀手”，应如何修改程序？

3. 创建Fraction分数类

用类别为Fraction类增加四则运算，并编写测试函数。

实验6.2　协议的创建与使用

【实验目的与要求】

(1)理解协议的概念。
(2)掌握协议的创建方法。
(3)熟练掌握复制协议的创建方法。

【实验内容与步骤】

1. 很多仪器都需要显示温度，对不同国家其显示语言不同

创建一个用于显示温度的协议和一个采用该协议的抽象类，用于基础显示。实际应用中，分别要进行中文和英文的温度显示。编写程序，模拟上述过程，并进行测试。

①创建协议 IDisplay，包含一个用于显示温度的方法。用 Xcode 创建协议的方法与创建类别的方法相似，但在设置文件类型时，创建协议须要选择为“Protocol”，如图6－5所示。

图6－5　创建协议

```
//IDisplay.h
#import <Foundation/Foundation.h>
@ protocol IDisplay <NSObject>
@ required - (void)show:(int)val; //显示最新的温度
@ end
```

②创建抽象类 CBaseDashboard 用于基础显示。要求采用 IDisplay 协议。

```
//CBaseDashboard.h
#import <Foundation/Foundation.h>
#import "IDisplay.h"
@ interface CBaseDashboard : NSObject <IDisplay>
@ end
```

```
//CBaseDashboard.m
#import "CBaseDashboard.h"
@implementation CBaseDashboard
-(void) show:(int) val
{
}
@end
```

③创建 CBaseDashboard 的两个子类 CChineseDashboard 和 CEnglishDashboard 用于显示中文版和英文版的温度。注意，由于父类 CBaseDashboard 采用了协议 IDisplay，所以这两个子类也默认采用协议 IDisplay。

```
//CChineseDashboard.h 中文版显示
#import "CBaseDashboard.h"
@interface CChineseDashboard : CBaseDashboard
@end
//CChineseDashboard.m
#import "CChineseDashboard.h"
@implementation CChineseDashboard
-(void) show:(int) val{
    NSLog(@"温度:%d摄氏度",val);
}
@end
```

```
//CEnglishDashboard.h 英文版显示
#import "CBaseDashboard.h"
@interface CEnglishDashboard : CBaseDashboard
@end
//CEnglishDashboard.m
#import "CEnglishDashboard.h"
@implementation CEnglishDashboard
-(void) show:(int) val{
    NSLog(@"temperature:%dC",val);
}
@end
```

④在 main.m 中用下面的代码进行测试。观察程序运行结果。

```
//main.m
#import <Foundation/Foundation.h>
#import "CEnglishDashboard.h"
#import "CChineseDashboard.h"
id<IDisplay> getDisplay(int flag)
```

```
{
    if (1 = = flag) {
        return [[CChineseDashboard alloc]init];
    }
    return [[CEnglishDashboard alloc]init];
}
int main(int argc, const char * argv[])
{
    @ autoreleasepool {
        id<IDisplay> ps = getDisplay(1);
        [ps show:100];
        ps = getDisplay(2);
        [ps show:100];
    }
    return 0;
}
```

2. 实现汽车的复制

在实验5.3的练习3(ARC模式下汽车组装程序)基础上，实现汽车的复制，并进行测试。

①将下面空的语句补充完整，以实现Tire类和AllWeatherRadial类的复制能力。

在Tire类的“@ interface”部分声明NSCopying协议。

```
@ interface Tire : NSObject ______①______
@ property (nonatomic) float pressure;
@ property (nonatomic) float treadDepth;
- (instancetype) initWithPressure: (float) pressure treadDepth: (float)
treadDepth;
- (instancetype)initWithPressure:(float)pressure;
- (instancetype)initWithTreadDepth:(float)treadDepth;
@ end
```

在Tire类的“@ implementation”部分实现“ - (id)copyWithZone: (NSZone *)zone”方法。

```
- (id)copyWithZone:(NSZone * )zone
{
    return [[ _____②_____ allocWithZone: zone] initWithPressure: _____③_____
treadDepth: ____④____ ];
}
```

由于AllWeatherRadial的父类遵守NSCopying协议，所以AllWeatherRadial默认也遵守该协议，须要在AllWeatherRadial类的“@ implementation”部分实现“copyWithZone:”方

法。

```
- (id)copyWithZone:(NSZone * )zone
{
    AllWeatherRadial * tireCopy = [super ____⑤____ ];
    tireCopy.snowHandling = self.snowHandling;
    tireCopy.rainHandling = self.rainHandling;
    return ____⑥____ ;
}
```

②修改 Engine 类使其具备复制能力。

③为 Car 类中增加字符串类型的 name 属性和布尔类型的 conceptVehicle 属性。conceptVehicle 表示这部车是否为概念车，指定编译器生成的 getter 函数名为 isConceptVehicle。在 print 方法中输出这些新的属性。

```
@property (nonatomic, copy) NSString * name;
@property (getter = isConceptVehicle) BOOL conceptVehicle;
```

④修改 Car 类，使其具备复制能力。

```
- (id) copyWithZone:(NSZone * )zone
{
    Car * carCopy = [[[self class]allocWithZone:zone]init];
    carCopy.name = self.name;
    carCopy.conceptVehicle = self.conceptVehicle;
    carCopy.engine = [self.engine copy];
    for (int i = 0; i < 4; i++) {
        Tire * tireCopy = [[self tireAtIndex:i] copy];
        [carCopy setTire:tireCopy atIndex:i];
    }
    return carCopy;
}
```

⑤在 main 函数中，创建并组装一部汽车，然后对其进行复制。

实验 6.3　协议与委托

【实验目的与要求】

(1)理解什么是委托。

(2)掌握实现委托的两种方式。

(3)能够熟练应用正式协议解决实际问题。

【实验内容与步骤】

1. 实验内容

公司老板的日常工作是管理公司、教导新员工、发工资与接电话。其中管理公司、教导新员工老板亲力亲为，而发工资与接电话老板希望招聘一个秘书来帮忙。于是对秘书的要求就是要略懂出纳业务为公司员工发工资，要能帮助领导接电话。用正式协议实现委托，编写程序实现上述功能并进行测试。

(1)创建协议 SecretaryProtocol。根据实际情况分析，公司老板要委托秘书发工资和接电话，那么发工资和接电话就是对秘书的基本要求，是协议中的方法。

```
//  SecretaryProtocol.h
#import <Foundation/Foundation.h>
@protocol SecretaryProtocol <NSObject>
-(void)payoff;//发工资
-(void)tel;//接电话
@end
```

(2)创建秘书类。秘书类要采用协议 SecretaryProtocol，并实现协议中的方法。

```
//  Secretary.h
#import <Foundation/Foundation.h>
#import "SecretaryProtocol.h"
@interface Secretary : NSObject <SecretaryProtocol>
@property (nonatomic, copy) NSString * name;
+ (Secretary *)secretaryWithName:(NSString *)name;
@end
```

```
//  Secretary.m
#import "Secretary.h"
@implementation Secretary
+ (Secretary *)secretaryWithName:(NSString *)name
{
```

```
    Secretary * sec = [[Secretary alloc]init];
    sec.name = name;
    return sec;
}
- (void)payoff
{
    NSLog(@ "%@ 发工资", self.name);
}
- (void)tel
{
    NSLog(@ "%@ 接电话", self.name);
}
@ end
```

(3)创建老板类。在类中声明一个委托对象表示公司的秘书，秘书要有这个职位的基本技能，即这个委托对象要遵循协议 SecretaryProtocol。类中发工资和接电话由委托对象实现。

```
//  Boss.h
#import <Foundation/Foundation.h>
#import "SecretaryProtocol.h"
@ interface Boss : NSObject
@ property (nonatomic, copy) NSString * name;
@ property (nonatomic,weak) id<SecretaryProtocol> delegate;
+ (Boss * )bossWithName:(NSString * )name;
- (void)manage;
- (void)teach;
- (void)payoff;
- (void)tel;
@ end
```

```
//  Boss.m
#import "Boss.h"
@ implementation Boss
+ (Boss * )bossWithName:(NSString * )name
{
    Boss * boss = [[Boss alloc]init];
    boss.name = name;
    return boss;
}
- (void)manage
{
```

```
    NSLog(@"%@管理公司", self.name);
}
- (void)teach
{
    NSLog(@"%@教导新员工", self.name);
}
- (void)payoff
{
    if (self.delegate && [self.delegate conformsToProtocol:@protocol(SecretaryProtocol)]) {
        [self.delegate payoff];
    }
    else {
        NSLog(@"没人帮忙发工资,赶紧请个秘书吧");
    }
}
- (void)tel
{
    if (self.delegate && [self.delegate conformsToProtocol:@protocol(SecretaryProtocol)]) {
        [self.delegate tel];
    }
    else {
        NSLog(@"没人帮忙接电话,赶紧请个秘书吧");
    }
}
@end
```

(4)测试。在main函数中，分别创建一个老板和一个秘书实例，并将秘书实例设置为老板实例的委托。由老板发起管理公司、教导新员工、发工资和接电话等行为。观察程序运行结果。

```
//main.m
#import <Foundation/Foundation.h>
#import "Boss.h"
#import "Secretary.h"
int main(int argc, const char * argv[])
{
    @autoreleasepool {
        Boss * boss =[Boss bossWithName:@"John"];
        Secretary * secretary =[Secretary secretaryWithName:@"Lucy"];
```

```
        boss.delegate = secretary;
        NSLog(@"公司老板是%@,他的秘书是%@", boss.name, secretary.name);
        [boss payoff];
        [boss tel];
        [boss manage];
        [boss teach];
    }
    return 0;
}
```

委托的作用在于保持抽象层的稳定，让抽象层不随细节的变化而变化，也就是不管下层的代码如何变化，上层的代码可以维持稳定。从 main 函数中的代码和程序运行结果图 6－6 可以看出，虽然应用程序中发工资和接电话是由老板发起的行为，但实际做事的是他的秘书（委托对象）。

```
公司老板是John，他的秘书是Lucy
Lucy发工资
Lucy接电话
John管理公司
John教导新员工
```

图 6－6　程序运行结果

2. 实验内容

Apple 要生产 iPhone。Apple 自己不生产，委托富士康生产。本来富士康不生产 iPhone，现在要生产了，所以得自己加一个生产 iPhone 的生产线（类别，增加生产 iPhone 方法）。用非正式协议实现委托，编写程序实现上述功能并进行测试。

（1）创建 NSObject 类的类别 ProduceIPhone，并在这个类别中增加实例方法“－(void)produceIPhone”，表示任意对象具有生成 iPhone 的能力。

```
// NSObject+ProduceIPhone.h
#import <Foundation/Foundation.h>
@interface NSObject (ProduceIPhone)
- (void)produceIPhone;
@end
```

```
// NSObject+ProduceIPhone.m
#import "NSObject+ProduceIPhone.h"
@implementation NSObject (ProduceIPhone)
- (void) produceIPhone
{
    NSLog(@"生产 iPhone");
}
@end
```

（2）创建富士康类。在这个类中引用非正式协议 ProduceIPhone，用以引进新的生产线生产 iPhone。

```
//  Foxconn.h
#import <Foundation/Foundation.h>
#import "NSObject+ProduceIPhone.h"
@interface Foxconn : NSObject
- (void)appleProductionLines;
@end
```

```
//  Foxconn.m
#import "Foxconn.h"
@implementation Foxconn
- (void)appleProductionLines
{
    NSLog(@"富士康制造");
    [self produceIPhone];
}
@end
```

(3)创建 Apple 类，设计委托属性，所有的 iPhone 由代工工厂生产。

```
//  Apple.h
#import <Foundation/Foundation.h>
@class Foxconn;
@interface Apple : NSObject
@property (nonatomic, weak) Foxconn * delegate;
- (void)produce;
@end
```

```
//  Apple.m
#import "Apple.h"
#import "Foxconn.h"
@implementation Apple
- (void)produce
{
     if (self.delegate && [self.delegate respondsToSelector:@selector
(appleProductionLines)]) {
[self.delegate appleProductionLines];
    }
    else {
        NSLog(@"还没有找到代工工厂,继续努力吧");
    }
}
@end
```

(4)测试。

```
// main.m
#import <Foundation/Foundation.h>
#import "Apple.h"
#import "Foxconn.h"
int main(int argc, const char * argv[])
{
    @autoreleasepool {
        Apple * apple = [[Apple alloc]init];
        Foxconn * foxconn = [[Foxconn alloc]init];
        apple.delegate = foxconn;
        [apple produce];
    }
    return 0;
}
```

由 main 函数中的测试代码可以看出，用非正式协议实现的委托与用正式协议实现的委托在应用层并没有区别。

练　习

1. 阅读下面的代码，分析其运行结果。

```
// ClassA.h
#import <Foundation/Foundation.h>
@interface ClassA : NSObject
- (void)print;
@end
```

```
// ClassA.m
#import "ClassA.h"
@implementation ClassA
- (void)print
{
    NSLog(@"Print in ClassA");
}
@end
```

```
// ClassA + CategoryOfClassA.h
#import "ClassA.h"
@interface ClassA (CategoryOfClassA)
- (void)print;
@end
```

```
// ClassA + CategoryOfClassA.m
#import "ClassA + CategoryOfClassA.h"
@implementation ClassA (CategoryOfClassA)
- (void)print
{
    NSLog(@"Print in CategoryOfClassA");
}
@end
```

```
// main.m
#import <Foundation/Foundation.h>
#import "ClassA.h"
#import "ClassA + CategoryOfClassA.h"
int main(int argc, const char * argv[])
{
    @autoreleasepool {
        ClassA * one = [[ClassA alloc]init];
        [one print];
    }
    return 0;
}
```

2. 分析下面代码是否正确，如果正确，请分析运行结果；如果有误，请分析错误原因。

```
//Thing.h
#import <Foundation/Foundation.h>
@interface Thing : NSObject
@property (nonatomic) NSUInteger thing1;
@property (nonatomic,readonly) NSUInteger thing2;
- (void)resetAllValues;
@end
```

```
//  Thing.m
#import "Thing.h"
@interface Thing ()
{
    NSUInteger thing4;
}
@property  (nonatomic,readwrite) NSUInteger thing2;
@property  (nonatomic) NSUInteger thing3;
@end

@implementation Thing
- (void)resetAllValues
{
    self.thing1 = 1;
    self.thing2 = 2;
    self.thing3 = 3;
    thing4 = 4;
}
- (NSString * )description
{
    return [NSString stringWithFormat:@"%lu %lu %lu %lu",self.thing1,
self.thing2,self.thing3,thing4];
}
@end
```

```
//  main.m
#import <Foundation/Foundation.h>
#import "Thing.h"
int main(int argc, const char *  argv[])
{
    @autoreleasepool {
        Thing * th = [[Thing alloc]init];
        [th resetAllValues];
        th.thing1 = 10;
        th.thing2 = 20;
        th.thing3 = 30;
        th.thing4 = 40;
        NSLog(@"%@",th);
    }
    return 0;
}
```

3. 为实验6.1中的分数类添加一个用于比较两个分数的类别，添加用于比较两个分数是否相等和返回两个分数大小关系的两个方法。在main函数中，定义几个分数实例，然后调用这个类别中的方法进行测试。

4. 利用类别给NSString扩展3个方法。

(1)字符串反转。

(2)计算英文字母的个数。

(3)去除字符串中的空格。

5. 阅读下面的程序，分析如图6-7所示的运行结果中arr2的地址是否与arr1的相同，arr2中数组元素“北京”的地址与arr1中“北京”的地址是否相同。为什么?

```
int main(int argc, const char * argv[])
{
    NSString * s1 = [NSString stringWithFormat:@ "北京"];
    NSString * s2 = [NSString stringWithFormat:@ "上海"];
    NSString * s3 = [NSString stringWithFormat:@ "广州"];
    NSMutableArray * arr1 = [NSMutableArray arrayWithObjects: s1, s2, s3,
nil];
    NSMutableArray * arr2 = [arr1 copy];
    NSLog(@ "数组 arr1 的地址是 % p",arr1);
    NSLog(@ "数组 arr2 的地址是 % p",arr2);
    for (int i =0; i <3; i + +) {
        NSLog(@ "数组 arr1 中,% @  的地址是 % p",arr1[i],arr1[i]);
        NSLog(@ "数组 arr2 中,% @  的地址是 % p",arr2[i],arr2[i]);
    }
    return 0;
}
```

```
数组arr1的地址是 0x100203a80
数组arr2的地址是      ???
数组arr1中，北京 的地址是 0x100200900
数组arr2中，北京 的地址是     ???
数组arr1中，上海 的地址是 0x1002038a0
数组arr2中，上海 的地址是     ???
数组arr1中，广州 的地址是 0x1002038c0
数组arr2中，广州 的地址是     ???
```

图6-7　程序运行结果

6. 利用协议的相关知识，编写程序，实现下面的功能。

(1)创建两个协议MusicHobby和SportsHobby，分别表示音乐爱好和体育爱好。其中MusicHobby协议包含两个必须实现的方法guitar和piano，SportsHobby包含两个必须实现的方法basketball和swimming。两个协议中都有一个可选的方法photograph。

(2)创建音乐家类 Musician，要求遵循 MusicHobby 协议；创建运动员类 Athlete，要求遵循 SportsHobby 协议。每个类中均设计一个名字属性和一个便利构造器。在其中一个类中实现协议中的可选方法 photograph。协议中的方法实现时，只要输出相应技能名称即可，如“会弹吉他”。

(3)创建外部测试方法“void hobby(id one)”。该方法能够判断参数对象 one 是音乐家还是运动员，并输出相应的爱好。

(4)在 main 函数中输入下面的代码进行测试。测试效果如图 6-8 所示。

```
@ autoreleasepool {
    id one[5];
    NSArray * names = @ [@ "熊大",@ "熊二",@ "熊三",@ "熊四",@ "熊五"];
    for (int i = 0; i < 5; i + +) {
        if (arc4random() % 2 = = 1) {
            one[i] = [Musician musicianWithName:names[i]];
        }
        else {
            one[i] = [Athlete athleteWithName:names[i]];
        }
        hobby(one[i]);
    }
}
return 0;
```

```
熊大是一个音乐家
会弹吉他
会弹钢琴
熊二是一个运动健将
会游泳
打篮球
喜欢摄影
熊三是一个音乐家
会弹吉他
会弹钢琴
熊四是一个运动健将
会游泳
打篮球
喜欢摄影
熊五是一个音乐家
会弹吉他
会弹钢琴
```

图 6-8　测试效果

7. 在第 5 章的练习 5 的薪酬管理程序中实现员工的复制，并进行测试。

8. 用正式协议实现委托，完成客户委托中介出售房屋的过程（中介要遵守协议）。

9. 用非正式协议扩展分数类，实现分数的六种关系运算，“ == ”“ <= ”“ < ”“ >= ”“ > ”“ != ”，并进行测试。

参考文献

[1]〔美〕Scott Knaster，Waqar Malik，Mark Dalrymple. Objective－C 基础教程［M］.2 版．周庆成，译．北京：人民邮电出版社，2013.

[2]〔美〕Stephen G Kochan. Objective－C 程序设计［M］.4 版．林冀，范俊，朱奕欣，译．北京：电子工业出版社，2012.

[3] 刘一民，刘宪利．Objective－C 程序设计入门与实践［M］．北京：中国铁道出版社，2013.

[4] 钱成．深入浅出 Objective－C［M］．北京：中国铁道出版社，2013.

[5] 傅志辉．突破，Objective－C 开发速学手册［M］．北京：电子工业出版社，2013.

[6] 张权．Objective－C 函数速查实例手册［M］．北京：人民邮电出版社，2014.

[7]〔美〕Patrick Alessi. iOS 游戏开发入门经典［M］．刘凡，译．北京：清华大学出版社，2013.

[8] 何孟翰．iOS SDK 编程实战［M］．北京：人民邮电出版社，2014.

[9] 张照．iPhone 开发入门很简单［M］．北京：清华大学出版社，2013.